ANTI AGING – REVERSE AGING

Der Durchbruch zur Verjüngung nach den neuesten wissenschaftlichen Erkenntnissen

von

Anna Mai

Inhaltsverzeichnis

Rechtliche Hinweise

Die in dieser Publikation enthaltenen Informationen dienen nur der allgemeinen Information. Wir haben uns nach bestem Wissen bemüht, diese Informationen aktuell und korrekt zu halten, geben jedoch weder ausdrücklich noch stillschweigend eine Zusicherung oder Garantie über die Vollständigkeit, Genauigkeit, Zuverlässigkeit, Eignung oder Verfügbarkeit dieser Publikation oder der darin enthaltenen Informationen. Jegliches Vertrauen, das der Leser in diese Informationen setzt, geht strikt auf eigenes Risiko.

Wir haften nicht für direkte oder indirekte Schäden oder Verluste bzw. Folgeschäden in Zusammenhang mit der Nutzung dieser Publikation sowie der darin enthaltenen Informationen. Wir können keine Resultate garantieren, da Resultate je nach Person variieren können und von deren Anstrengungen abhängen. Es liegt in der Entscheidung des

Lesers die hier aufgeführten Methoden auszuprobieren. Es gibt keine Garantie für den Erfolg.

Einleitung

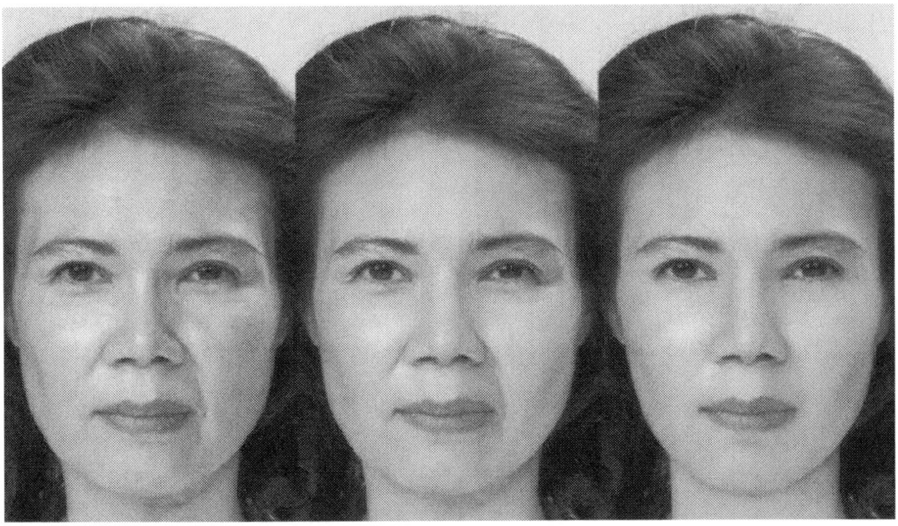

Das Alte Testament nennt für die zehn Urväter Lebenszeiten von nahezu tausend Jahren. Adam soll demnach auf ein Lebensalter von sage und schreibe 930 Jahren gekommen sein und sein Sohn Seth auf immerhin 912.

Methusalem wurde 3317 v. Chr. geboren und soll nach biblischen Angaben sogar 969 Jahre alt geworden sein und im biblischen Alter von 187 Jahren noch einen Sohn gezeugt haben namens Lamech. Dieser wiederum war Vater von Noah, der gemäß biblischer Überlieferung von Gott auserwählt war, einige Hundert Jahre später eine Arche zu bauen, um den Fortbestand der Menschen und Tiere auf der Erde zu sichern. Er wurde 950 Jahre alt und ließ sich mit der Zeugung seiner 3 Söhne 500 Jahre Zeit.

Die wenigsten von uns wollen heutzutage tatsächlich dieses biblische Alter erreichen. Doch wohl jeder von uns will möglichst lange jung, gesund und fit bleiben.

Was wäre, wenn man diese üblen Begleiterscheinungen des Alters wie Krankheiten und das Schwinden der Schönheit um ein Vielfaches minimieren könnte und verschont bliebe von Gedächtnisverlust und Altersdemenz, Gicht, Arthrose, Diabetes, Osteoporose, Herz- und Kreislauferkrankungen, um nur ein paar zu nennen.

Was wäre, wenn wir eines Tages, wenn wir genug von dem irdischen Leben haben, uns verabschieden und auf ein Sterbebett legen, um in Ruhe und Würde zu sterben und sanft in die nächste Dimension hinübergleiten könnten, ohne zuvor in einem der Sterbehäuser bzw. Pflegeheime zu landen, um dort zuvor noch über Jahre dahinzuvegetieren und sich von gestressten Pflegekräften die Suppe löffeln zu lassen?

Welche neuen Erkenntnisse haben die Wissenschaftler in der **Gerontologie**, (altgriechisch géron, zu Deutsch ‚Greis'), auch **Alters- oder Alternswissenschaft** genannt, in den letzten Jahrzehnten gemacht, von denen man relativ wenig in den Medien hört, im Gegensatz zu anderen Errungenschaften wie in der Technologie, in der in den letzten Jahrzehnten ganz unglaubliche Dinge passiert sind. Haben die Gerontologen geschlafen oder gibt es nicht doch neue und überwältigende

Erkenntnisse, die unser Leben genauso verändern könnten wie beispielsweise die Kommunikationstechnologie?

Spätestens, wenn man in den Spiegel schaut und sich die Spuren des Alters nicht mehr verdecken lassen und die Spannkraft der Gesichtshaut nicht mehr ausreicht, um der Erdanziehung zu trotzen, stellt Mann bzw. Frau sich die Frage, ob es denn nicht doch Alternativen gibt, um **dem Alterungsprozess ein Schnippchen zu schlagen**. Und dies beginnt bei vielen noch weit bevor schlimme Alterskrankheiten einsetzen.

Die Medizin, insbesondere die **plastische Chirurgie** und die **Schönheitsindustrie** überhäufen uns mit ihren Angeboten, dem Alterungsprozess etwas entgegenzusetzen. Es muss nicht mehr radikal die Gesichtshaut weggeschnitten werden, sondern sie lässt sich inzwischen durch Fäden in die richtige Form zurren. Oder wie wäre es mit gallertartigen Gels namens Hyaluronsäure, die unter die Falten gespritzt werden, um diese optisch zu glätten. Und wenn gar nichts hilft, dann gibt es noch das Nervengift Botox, mit dem Falten samt Mimik einfach ausgeknipst werden.

Doch all diese äußerst kreativen Methoden, um gegen den Zahn der Zeit anzugehen, haben zwei entscheidende Nachteile:

Sie packen das Problem des Alterns nicht bei der Wurzel.

Sie lösen nicht das Problem der Alterskrankheiten.

Mit einem immer älter aussehenden und langsam verwelkenden Körper könnte man sich vielleicht noch anfreunden - glücklicherweise läuft der Alterungsprozess nicht von heute auf morgen ab, sodass es einen gewissen Gewöhnungseffekt gibt. Aber alt und gleichzeitig krank zu sein - da hört der Spaß auf. Denn alt zu sein und dahinzusiechen, darauf hat niemand wirklich Lust. Gebrechen, Elend und Abhängigkeit machen nun mal keinen Spaß, unabhängig davon ob Sterben ein Spaß ist.

Laut wissenschaftlichen Studien ist der Traum von ewiger Jugend nun in greifbare Nähe gerückt!

Fast alle Wissenschaftler, die die Biologie des Alterns studieren, sind sich inzwischen einig, dass wir eines Tages in der Lage sein werden, den Alterungsprozess erheblich zu verlangsamen und unser produktives, jugendliches Leben verlängern können. Und dass dies bereits in greifbare Nähe gerückt ist, zeige ich dir in diesem Buch.

Ich stelle komprimiert die neuesten Erkenntnisse aus der Gerontologie vor, wobei der Schwerpunkt auf der praktischen Umsetzung liegt, wie Du nämlich diese neuesten Erkenntnisse für dich direkt umsetzen kannst.

Du wirst erstaunt sein, was dabei zum Vorschein kommt. Während es bisher darum ging, den Alterungsprozess zu stoppen und aufzuhalten (**Anti-Aging**) und den Status-Quo so lange wie möglich zu halten, gibt es inzwischen

Möglichkeiten, den Alterungsprozess umzukehren (**Reverse-Aging**). Ja, Du hast richtig gehört. Du kannst das Rad auch zurückdrehen. Ich behaupte nicht, dass Du mit 70 Jahren wieder wie 20 aussehen kannst, aber zumindest kannst Du dein biologisches Alter um einige Jahre zurückdrehen und somit typische Alterskrankheiten vermeiden. Das ist doch schon mal was. Natürlich spielt dein derzeitiges Alter, dein Gesundheitszustand und deine Lebensweise weiter eine große Rolle.

Sehr alt zu werden und dabei gesund zu bleiben ist jedoch kein Widerspruch mehr. Und was auch sehr wichtig ist, dies ist **auch für den kleinen Geldbeutel** erreichbar. Aus vielen Studien ist bekannt, dass die Lebenserwartung von reichen Alten um einiges höher ist als die von armen Alten. Das verwundert zunächst einmal nicht. Dass dies aber nicht zwangsweise der Fall sein muss, werde ich dir in diesem Buch zeigen.

Die einzigen, die dann vielleicht nicht mehr so glücklich sind, sind all die, die bislang an den Alterskrankheiten gut verdient haben, wie die Kardiologen, die Onkologen, Orthopäden, etc. Womöglich wird auch Vater Staat, der über die Rentenkasse wacht, nicht sehr erbaut sein, wenn seine Schäflein plötzlich um einige Jahre älter werden und dabei gesund bleiben.

In diesem Buch bekommst Du keinen Vortrag über die Methoden der 80er. Die bislang postulierten Maßnahmen, wie mehr Wasser zu trinken, an die frische Luft zu gehen und sich zu bewegen, Vitamine und Mineralien zu nehmen etc. sind zwar vorteilhaft und nach wie vor sehr wichtig, um gesund zu bleiben. Aber sie beseitigen nicht die Ursachen der Altersbeschwerden. Also vergeude nicht länger deine kostbare Zeit mit dem Lesen von konventionellen Methoden zum Thema Anti-Aging.

LASS DICH ÜBERRASCHEN VON DER NEUEN REVOLUTION, DIE GERADE BEGINNT!

1. Warum altern wir?

Auch wenn bislang nur wenig davon in der Bevölkerung bekannt ist und kaum durch die Medien ging, so waren die Gerontologen, die Altersforscher, in den letzten Jahrzehnten durchaus nicht untätig. Die Gerontologie ist wie andere medizinische Ausrichtungen eine seriöse Wissenschaft, in der Tausende von Wissenschaftlern tagtäglich über mehrere Jahrzehnte die Ursachen der biologischen Alterung analysiert und hieraus Methoden und Substanzen entwickelt haben, um typischen Alterskrankheiten entgegenzuwirken, sodass diese erst gar nicht entstehen.

Und tatsächlich sind die Wissenschaftler fündig geworden und haben sehr revolutionäre Entdeckungen machen können. Warum hierüber nur so wenig durch die Medien ging, darüber kann man nur spekulieren.

Ein gutes Beispiel für ein völlig neues Umgehen mit dem Alterungsprozess bietet der britische Bioinformatiker und theoretische Biogerontologen Aubrey de Grey.[1] Über seine Forschung und Erkenntnisse gebe ich dir im Folgenden einen Ausblick, sodass Du eine Vorstellung bekommst, was uns in naher Zukunft erwarten könnte. Die Ergebnisse sind derzeit allerdings nur beschränkt für jedermann umsetzbar.

---

[1] https://de.wikipedia.org/wiki/Aubrey_de_Grey

Interessanter sind daher die heutigen gerontologischen Erkenntnisse über die Ursachen des Alterungsprozesses mit den neuesten wissenschaftlichen Ansätzen, um sein Leben zu verlängern. Der große Vorteil daran ist, dass sie bereits schon jetzt für jeden umsetzbar sind.

Im Jahr 2007 schrieb de Grey gemeinsam mit Michael Rae das Buch Ending Aging. Es enthält neben der Theorie der freien Radikale, sechs weitere vermutete zelluläre und molekulare Ursachen für Altern/Alterskrankheiten. Für jede der bekannten Schadensklassen, die er die „sieben Todsünden des Alterns" nennt, schlägt er die Anwendung regenerativer Medizin auf molekularer und zellulärer Ebene als Bekämpfung vor.

1.1 Neueste Forschung und Ausblick

"Älterwerden ist eine Nebenwirkung des Lebendigseins, also des Stoffwechsels."

Aubrey de Grey

Der Bioinformatiker **Aubrey de Grey** behauptet in seinem im Jahr 2007 erschienenen Buch "Ending Aging"[2], wir könnten das Älterwerden ganz verhindern, zumindest in gar nicht allzu weiter Zukunft. Älterwerden sei einfach nur eine Krankheit und noch dazu eine heilbare.

Bei seiner Analyse des Älterwerdens geht er vom Stoffwechsel des menschlichen Körpers aus. Der **Stoffwechsel** (Metabolismus) ist die Basis für alle lebenswichtigen und biochemischen Vorgänge im Körper, die innerhalb der menschlichen Zellen ablaufen. Zugeführte Nährstoffe werden in den Zellen abgebaut, umgebaut und zu neuen Produkten aufgebaut. Der Körper sorgt somit permanent für sich selbst, indem er die ihm zugeführten Nährstoffe, Vitamine, Mineralien und Spurenelemente nutzt oder auf Reserven zurückgreift. Auf diese Weise laufen die vielen lebensnotwendigen Vorgänge und Funktionen im Körpers ordnungsgemäß ab.

---

[2] Das Buch "Ending Aging" erschien 2010 in der deutschen Fassung unter dem Titel "Niemals alt! So lässt sich das Altern umkehren" https://www.amazon.de/dp/3837613364/

Genauso wie ein Auto mit den Jahren älter wird, so werden wir das auch, obwohl wir clevere Reparaturmechanismen haben. Aber diese sind eben nicht perfekt. Ein alter Körper ist wie eine Maschine mit Abnutzungserscheinungen. Der Stoffwechsel, der uns täglich überleben lässt, hat seit unserer Geburt ungewollte Nebenwirkungen, quasi Pannen, die die Zellen auf verschiedene Arten schädigen und irgendwann zu Krankheiten und schließlich zum Tod führen. Es ist also eine Verkettung von ungünstigen Ereignissen.

Bei den bisherigen Ansätzen, um das Älterwerden hinauszuzögern, unterscheidet man den gerontologischen Ansatz und den geriatrischen Ansatz.

Der geriatrische Ansatz

Der **geriatrische Ansatz** interveniert später, wenn altersbedingte Krankheiten relevant werden und versucht, den Zahn der Zeit aufzuhalten. Dies sei nach Auffassung von de Grey aber eher eine kurzfristige Strategie, die zum Scheitern verurteilt ist, da die Ursachen der Krankheiten mit der Zeit eher zunehmen.

Der gerontologische Ansatz

Der **gerontologische Ansatz** sieht auf den ersten Blick vielversprechender aus, weil Vorsorge besser ist als Nachsorge. Die Gerontologie versucht die Geschwindigkeit zu reduzieren, mit der der Stoffwechsel Schädigungen verursacht. Der Nachteil an dieser Methode ist, dass wir bis heute den Stoffwechsel nicht komplett in seiner Fülle verstehen. Noch immer sind nicht alle der über 1000 Prozesse des Stoffwechsels bekannt, die relevant für das Älterwerden sind. An dieser Stelle stehen wir derzeit und versuchen bestmöglich unseren Stoffwechsel zu optimieren.

DER INGENIEURS-ANSATZ

De Grey hat einen dritten Ansatz entwickelt, den er den **Ingenieurs-Ansatz** nennt. Hierbei wird nicht in die vielen einzelnen Stoffwechselprozesse eingegriffen. Man versucht also nicht, die Evolution zu verbessern, sondern man repariert regelmäßig die verschiedenen Schädigungen der Zellen. Dies muss nicht unbedingt vollständig sein, aber durchaus so viel, dass der Grad der Schädigungen unterhalb der Schwelle gehalten wird, bevor eine Krankheit entsteht. Dass es eine solche Schwelle gibt, davon können wir ausgehen, da wir meist keine altersbedingten Beschwerden bekommen bis wir nicht ein bestimmtes mittleres Alter erreichen, und das, obwohl sich die Schädigungen seit unserer Geburt aufsummieren.

De Grey ist sich sicher, dass genau **sieben Arten von verschiedenen zellulären und molekularen Schädigungen** im Körper passieren, die über die Jahre allmählich anwachsen und uns krankmachen bzw. letztendlich ins Grab bringen:

1. **Zellverlust (Atrophie)**: täglich kommt es aufgrund von Beschädigungen zum Verlust von Zellen, die nicht ausreichend ersetzt werden. So führt der Verlust von Neuronen beispielsweise zu Krankheiten wie Parkinson.
2. **Mutationen der DNA**: Eine tödliche Folge der Mutation der DNA ist Krebs.
3. **Mutationen der Mitochondrien:** die DNA dieser kleinen Kraftwerke innerhalb unserer Zellen erfahren Mutationen. Eine Folge davon ist beispielsweise Osteoporose (brüchige Knochen).
4. **Alterung der Zellen**: Im Laufe der Lebensjahre sammeln sich immer mehr alte Zellen an, die sich nicht mehr teilen können. Sie bleiben aber am Leben und sorgen beispielsweise als Fettzellen für Diabetes und erhöhtes Krebsrisiko.
5. **Intrazelluläre Abfälle**: Proteine und andere Bestandteile unserer Zellen werden beim normalen Stoffwechsel beschädigt und normalerweise von den Lysosomen entsorgt. Wenn dies nicht gelingt, hat dies Folgen wie Herzinfarkt, Arteriosklerose und Schlaganfall.
6. **Extrazelluläre Abfälle:** hierunter versteht man Ansammlungen von klebrigen, missgebildeten Proteinen, die die Zell- oder Gewebefunktion behindern. Eine Folge davon könnte Alzheimer sein.

7. **Proteinvernetzungen:** die Vernetzung von Proteinen bewirkt, dass sich die Proteine nicht mehr frei bewegen können. Dadurch werden die Blutgefäße steifer, der Blutdruck steigt an und das Risiko eines Schlaganfalls wird erhöht.

Diese sieben grundlegenden "Feinde des Lebens", die den Menschen altern lassen, könnten nach Meinung von de Grey alle verhindert werden.

Während die meisten Altersforscher ein Leben über 120 Jahre hinaus bislang für genetisch unmöglich hielten, hält der britische Altersforscher eine Lebenszeit von 1000 Jahren in naher Zukunft durchaus für möglich. Dafür müssen wir über **zellverjüngende Therapien** in den Alterungsprozess eingreifen.

Inzwischen hat der Brite in Kalifornien die SENS-Reseach Foundation gegründet, um völlig **neue regenerative Therapien** zu entwickeln, die diese sieben verschiedenen Arten an Zellschäden im Organismus reparieren, ersetzen bzw. unschädlich machen. Unterstützung bekommt er dabei von namhaften und höchst potenten Unternehmen wie Google und Paypal. Und es gibt bereits die ersten Lösungsansätze:

- Verlorene Zellen ersetzen: "RepliniSENS"[3]

[3] RepliniSENS: http://www.sens.org/research/introduction-to-sens-research/cell-loss-and-atrophy
oder deutsche Website: https://www.besiege-den-tod.de/alterungsprozess-stoppen/replisens-verloren-zellen-ersetzen.html

- Entschärfung von Krebsmutationen “OncoSENS”[4]
- Verhinderung von Mutationen der Mitochondrien “MitoSENS”[5]
- Entfernung dysfunktionaler Zellen “ApoptoSENS“[6]
- Entfernen des Mülls innerhalb der Zellen: “LysoSENS”[7]
- Entfernen des Mülls zwischen den Zellen “AmyloSENS”[8]
- Vernetzungen der Proteine aufbrechen: “GlycoSENS”[9]

Die derzeitigen Forschungsergebnisse sind sehr beeindruckend und lassen erahnen, was uns in nicht allzu weiter Zukunft erwartet. Der einzige Nachteil daran ist, dass es

[4] OncoSENS: http://www.sens.org/research/introduction-to-sens-research/cancerous-cells oder deutsche Website https://www.besiege-den-tod.de/alterungsprozess-stoppen/oncosens-krebsmutationen-ntschaerfen.html

[5] MitoSENS: http://www.sens.org/research/introduction-to-sens-research/mitochondrial-mutations oder deutsche Website https://www.besiege-den-tod.de/alterungsprozess-stoppen/mitosens-mutationen.html

[6] ApoptoSENS: http://www.sens.org/research/introduction-to-sens-research/mitochondrial-mutations oder deutsche Website https://www.besiege-den-tod.de/alterungsprozess-stoppen/mitosens-mutationen.html

[7] LysoSENS: http://www.sens.org/research/introduction-to-sens-research/intracellular-junk oder deutsche Website: https://www.besiege-den-tod.de/alterungsprozess-stoppen/lysosens-muell-aus-zellen-entfernen.html

[8] AmyloSENS: http://www.sens.org/research/introduction-to-sens-research/extracellular-junk oder deutsche Website: https://www.besiege-den-tod.de/alterungsprozess-stoppen/amylosens-entfernen-von-muell-zwischen-zellen.html

[9] GlycoSENS: http://www.sens.org/research/introduction-to-sens-research/extracellular-crosslinks oder deutsche Website: https://www.besiege-den-tod.de/alterungsprozess-stoppen/glycosens-vernetzungen-ausserhalb-von-zellen-aufbrechen.html

meist Jahre bis Jahrzehnte dauert, bis solche Forschungsergebnisse für jedermann zugänglich und umsetzbar sind. Aber je nach deinem derzeitigen Lebensalter könnte es für dich einmal sehr interessant werden. De Grey meinte dazu, der Mensch, der einmal 1000 Jahre alt würde, sei bereits geboren. Lassen wir uns also überraschen.

Ich zeige dir im Folgenden, basierend auf den heutigen gerontologischen Erkenntnissen, die derzeit effektivsten Methoden, um das Rad wenigstens einige Jahre zurückzudrehen bzw. die Lebenszeit um ein paar gesunde Jahre zu verlängern.

1.2 Heutige gerontologische Erkenntnisse

Nach den derzeitigen gerontologischen Erkenntnissen zur biologischen Alterung lassen sich die stattfindenden Alterungsprozesse auf nur vier primäre Faktoren des Alterns reduzieren neben einer Vielzahl an sekundären Faktoren.

Primäre Faktoren

Zu den primären Faktoren des Alterungsprozesses zählen:

1. Änderungen der Telomere: Mit zunehmendem Alter verkürzen sich die sog. Telomere, auch Lebenslichter oder Unsterblichkeitsenzyme genannt.

2. Änderung der DNA: Die DNA, unser Erbgut, mutiert mit der Alterung und wird zerstört.

3. Glykation: Es findet mit zunehmendem Alter **Glykation** statt, d.h. eine schädliche Verzuckerung der Körperzellen.

4. Epigenetische Veränderungen: Die Aktivität der Gene und damit die Entwicklung der Zellen verändert sich im Laufe des Lebensalters.

Wenn es uns gelingt, diese primären Faktoren positiv zu beeinflussen bzw. zu verhindern, hat das sowohl lebensverlängernde als auch lebensverbessernde Auswirkungen.

Sekundäre Faktoren

Im Alterungsprozess gibt es neben den 4 primären Faktoren auch sogenannte sekundäre Faktoren. Um die biologische Alterung möglichst gut im Zaum zu halten, sollten wir uns in erster Linie den primären Alterungsfaktoren widmen, da sie den Einfluss auf die sekundären Faktoren automatisch miteinschließen.

Dennoch ist es wichtig, bei der Gesunderhaltung auch die sekundären Faktoren zu berücksichtigen. Viele dieser sekundären Faktoren sind bereits seit einigen Jahrzehnten bekannt und werden in den Medien immer wieder heiß diskutiert. Durch Einbeziehung der sekundären Faktoren, kann man sein eigenes Anti-Aging bzw. Reverse-Aging Programm noch effektiver unterstützen.

Hierzu gehören u.a.

- Schutz vor freien Radikalen und Entzündungen
- Energieunterstützung der Mitochondrien
- Verhinderung von Übersäuerung
- Hormonellen Veränderungen positiv entgegenwirken

Was bedeutet das genau und gibt es die Möglichkeit, entsprechende Vorsorge zu treffen?

Die gute Nachricht ist, dass für alle primären Alterungsfaktoren inzwischen Vorsorgemaßnahmen ergriffen werden können, um nicht nur den Status quo zu halten, sondern sogar seinen Körper zu verjüngen und damit seine Gesundheit bis ins hohe Alter zu halten. Und dies ist mit völlig natürlichen Substanzen möglich, die zum einen preislich erschwinglich und zum anderen nahezu ohne Nebenwirkungen sind. Der Prozess der Alterung lässt sich somit nicht nur bremsen, sondern sogar umkehren. Dies gilt von Kopf bis Fuß, von den Haarwurzeln angefangen, über das Nervensystem, die Augen, Haut, innere Organe bis hin zu den Fußzehen, natürlich abhängig von dem derzeitigen Zustand.

Hierzu bedarf es keines chirurgischen Eingriffs und keiner aufwändigen teuren Therapien.

Im Folgenden zeige ich dir, was es mit den einzelnen Teilbereichen genau auf sich hat und wie der aktuelle wissenschaftliche Stand ist. Wir unternehmen hierzu einen kleinen Ausflug in die Biologie.

1.2.1 Faktor 1: Änderung der Telomere

Ein Erwachsener besteht aus etwa 70 bis 100 Billionen einzelner Zellen. Zur Erneuerung der Körpersubstanz, für den Wundverschluss, für das Wachstum von Organen und Geweben, zur Fortpflanzung und um uns gesund und munter zu halten, teilen sich die Zellen. Dabei entstehen aus einer Zelle zwei komplett gleiche, bis auf die Fortpflanzungszellen, bei denen jede neue Zelle nur noch den halben DNA-Satz enthält. Manche Zellen teilen sich alle paar Stunden, andere wiederum nur alle paar Tage oder noch deutlich länger. [10]

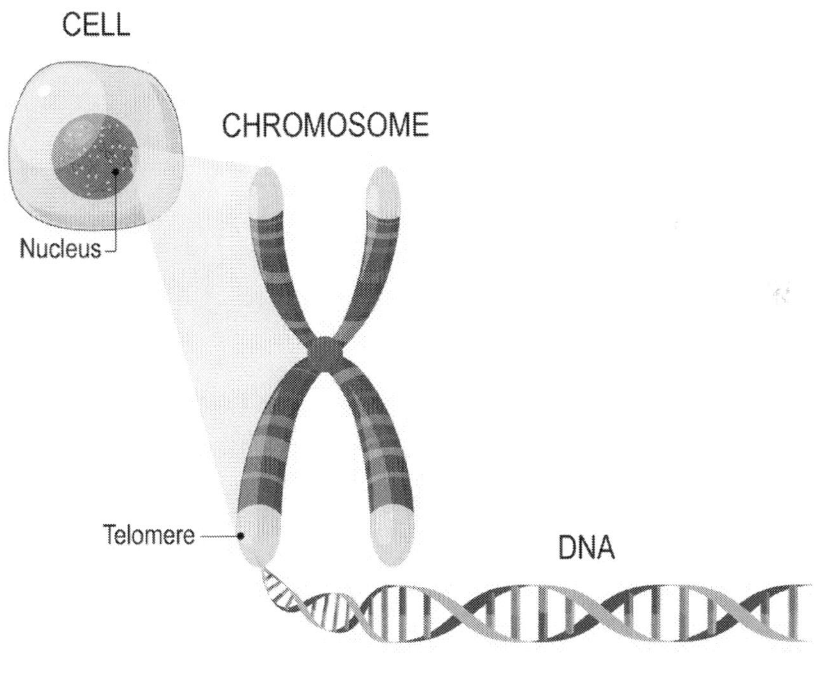

[10] http://symptomat.de/Zellteilung

Jede Zelle hat einen Zellkern, den Nukleus (lat. nucleus = Kern), und in diesem befindet sich ein Großteil der Erbsubstanz verpackt zu Chromosomen, die aber nur während der Zellteilung als solche zu erkennen sind. Außerhalb der Zellteilung liegen die Chromosomen als fadenförmiges Chromatin vor. Das Chromatin besteht hauptsächlich aus Desoxyribonukleinsäure (DNS) und macht den größten Anteil des Zellkerns aus.

DIE GROSSE ENTDECKUNG WURDE IM JAHR 2009 BEKANNT, ALS DIE ARBEIT VON ELIZABETH BLACKBURN, CAROL GREIDER UND JACK SZOSTAK MIT DEM MEDIZIN-NOBELPREIS GEEHRT WURDE.

Elizabeth Blackburn (University of California, San Francisco) fand heraus, dass die Enden der Chromosomen aus sich mehrfach wiederholenden DNA-Sequenzen von unterschiedlicher Länge bestehen. Diese Endstücke wurden "**Telomere**" getauft ("Telos", griechisch, für Ende und „Meros" für Teil).

Jack Szostak (Massachusetts General Hospital in Boston) entdeckte dann, dass die A**ufgabe der Telomere** darin besteht, die **Chromosomen zu schützen** und sie wie **Schutzkappen** wirken. Bei unserer Geburt sind die Telomere lang. Aber **im Laufe unseres Lebens werden sie immer kürzer.** Sie schrumpfen bei jeder Zellteilung und werden so kurz, dass die Telomere ausfransen, ähnlich wie das Ende eines Schnürsenkels, bei dem die Schutzkappe fehlt.

Das heißt, mit zunehmenden Lebensalter werden diese Telomere, die Enden der Chromosomen, immer kürzer und kürzer, solange bis sich die Zelle nicht mehr teilen und ihre zentrale Funktion nicht mehr ausüben kann. Man spricht hierbei vom sog. **“Hayflick-Limit”**. Ab diesem Limit fangen die Zellen an, sich selbst zu zerstören und sterben schließlich ab. Dieses Hayflick-Limit ist auch der Grund, warum die bislang die meisten Altersforscher davon ausgingen, dass der Mensch rein genetisch nicht älter als 120 Jahre alt werden kann. Wenn sich die Zellen maximal etwa 56 Mal geteilt haben, ist einfach Ende - dann geht nichts mehr. Eine weitere Zellteilung sei dann nicht mehr möglich ist.

Dieser Prozess wird auch **Apoptosis** genannt, der mit der **Apoptose**, dem Zelltod endet. Die Folge ist ergrautes Haar, Faltenbildung und zahlreiche altersbedingte Erkrankungen, wie Diabetes, Demenz u.a. bis schließlich der Tod.

Die Telomere geben auch die Erklärung, warum wir eher in der zweiten Lebenshälfte mit Krankheiten konfrontiert werden. Krankheiten haben dann ein einfacheres Spiel, da die Telomere schon stark verkürzt sind und die Chromosomen nicht mehr so gut schützen.

TELOMERE

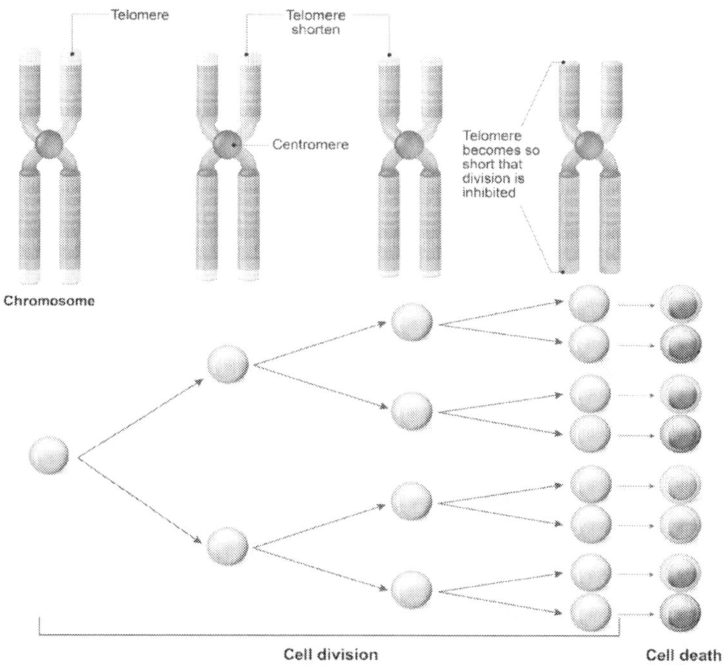

Die bahnbrechende Entdeckung machte dann Elizabeth Blackborn gemeinsam mit ihrer Doktorandin Carol Greider. Sie identifizierten ein Enzym, dass diese Enden immer wieder auffüllen konnte, sodass die schrumpfenden Endteile wieder verlängert wurden. Sie gaben diesem Enzym den Name **Telomerase.**

ES WAR SOMIT ERSTMALS MÖGLICH, DEN ZELLTOD ZU STEUERN.

Durch das fortlaufende Auffüllen der Chromosomenenden mit Telomerase kann verhindert werden, dass die Zellen altern. Dem Traum von ewiger Jugend und Unsterblichkeit war man somit einen deutlichen Schritt nähergekommen. Die Auffassung von Aubrey de Grey, ein Lebensalter von weit über hundert, wenn nicht sogar mehreren hundert Jahren zu erreichen, war somit gar nicht mehr so abwegig.

In einer Langzeitstudie konnte der Genetiker Richard Cawthon von der Universität Utah [11] immerhin nachweisen, dass sich die Lebensdauer von älteren Probanden mit längeren Telomeren im Durchschnitt um fünf Jahre verlängerte gegenüber der Vergleichsgruppe mit einer kürzeren Telomerlänge.

Manche Zellen im menschlichen Körper müssen sich ständig erneuern, wie die Zellen der Haut und der Schleimhaut. Solche Zellen haben nachweisbare Mengen an Telomerase. Andere Zellen teilen sich dagegen weniger, sodass sich ihre Enden auch nicht so schnell abnutzen. In den Stammzellen reicht die Konzentration an Telomerase gerade aus, um den Organismus durch die Fortpflanzung zu bringen. Danach wird das Enzym knapp.

Durch die Entdeckung der Telomere und Telomerase wurde der Grundstein gelegt für **weitere Forschungen über Alterung, Erbkrankheiten und Krebs**.

---

[11] http://www.genetics.utah.edu/richard-cawthon/

Ausgerechnet die Krebszellen besitzen die Fähigkeit, das Enzym Telomerase immer wieder zu produzieren, sodass dies inzwischen ein neuer Angriffspunkt in der Krebstherapie ist, dieses dort nicht erwünschte Telomerase-Enzym zu eliminieren.

Die sich verkürzenden Telomere sind aber nur ein Teil der komplexen Veränderungen, die wir als Altern bezeichnen. Auch lässt sich anhand der Telomerlänge nicht auf das absolute Alter schließen.

Bevor Du dir nun teure Telomerase-Produkte bestellst, lese bitte die weiteren Bereiche durch, die ebenfalls für den Alterungsprozess von großer Bedeutung sind. Es ist wichtig, dass Du **alle 4 primärem Faktoren beim Alterungsprozess** berücksichtigst.

1.2.2 Faktor 2: Änderung der DNA

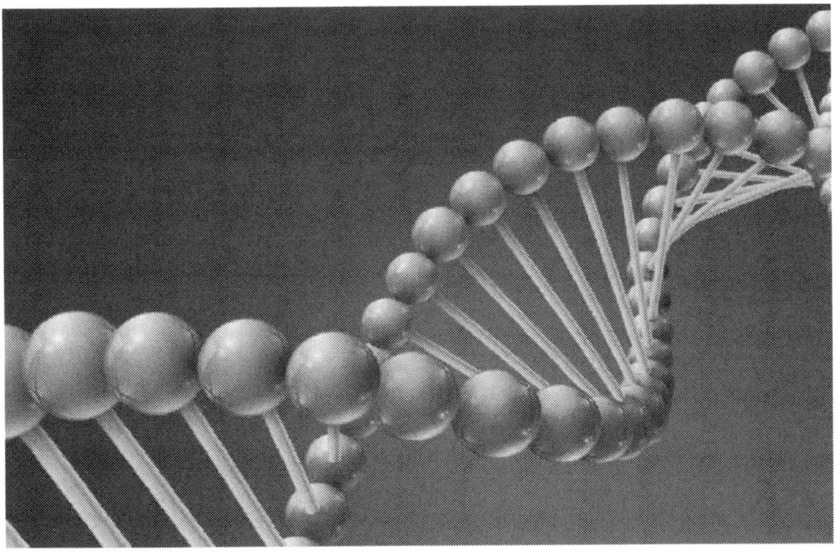

Durch innere und äußere Faktoren finden regelmäßig an unserer DNA, unserem Erbgut, Mutationen statt. Dies war auch eines der Themen bei den Schädigungen, die der Bioinformatiker Aubrey de Grey als die großen Übeltäter ausmachte.

Unser Körper leistet Schwerstarbeit, um all seine komplexen Funktionen zu gewährleisten, wie die Versorgung der Zellen und Organe mit Energie, den Transport von Nährstoffen und Abbauprodukten, die Steuerung des Zellwachstums und des Zelltods etc. Bei diesen Prozessen sind viele Proteine und DNA-Moleküle beteiligt.

Dass es dabei zu Pannen und Aussetzern kommt, ist nicht verwunderlich, d.h. Gene werden falsch ausgelesen oder übertragen oder Zellen sterben zu früh oder fangen an zu wuchern. Hinzu kommt, dass das Stammzellreservoire mit der Zeit altert und die Stammzellen absterben, ohne für neue Zellen nachzusorgen. Dies führt entsprechend zu Funktionsstörungen mit den damit einhergehenden Alterungsphänomenen.

Und dann gibt es da noch den "Müll", giftige Stoffwechselprodukte, die den Ablauf stören. Bereits bei einem 40-jährigen Menschen zeigen sich eine ganze Reihe von Veränderungen aufgrund des Nachlassens der körpereigenen Schutzfunktionen, was dazu beiträgt, dass die Geninformation bei der Zellteilung nicht richtig weitergegeben wird. All dies zählt zu den **inneren Faktoren** der DNA-Mutation.

DNA-Mutationen geschehen auch durch **äußere Faktoren**, wie Strahlen aller Art (UV-Strahlen, Handystrahlen, Mikrowellen, Röntgenstrahlen etc.) und auch durch freie Radikale.

Zum Glück gibt es inzwischen die Möglichkeit, die DNA zumindest teilweise wieder in den Zellen zu reparieren. Hierbei helfen so genannte Antioxidantien und verschiedene Natursubstanzen, auf die ich später zu sprechen komme.

1.2.3 Faktor 3: Glykation

Dass Zucker ungesund ist und für übermäßige Kilos auf der Waage und schlechte Zähne sorgt, wissen die meisten von uns. Darüber hinaus kann es auch die Gewebefasern der Haut wortwörtlich "verzuckern". Diesen Prozess nennt man **Glykation**. Die Folge ist eine erschlaffende Haut ohne Spannkraft.

Wenn sich oft zu viel Zucker im Blutkreislauf befindet, kann es zu einer biochemischen Reaktion zwischen den Zuckermolekülen, den körpereigenen Eiweißen und Fetten im Körper kommen. Meist passiert dies erst ab dem 30. Lebensjahr. Dabei werden sogenannte **AGEs, Advanced Glycation Endproducts**, gebildet. Diese sorgen für Störungen der Zellfunktion und lassen die Zellen schneller altern. Außerdem kommt es zur Schädigung der Proteine Kollagen und Elastin, die der Haut ihre Elastizität und

Festigkeit verleihen. Dies führt zu einem frühzeitigen Erschlaffen der Haut und zu einer Beschleunigung der Faltenbildung. Darüber hinaus kann die Glykation die Arterien verstopfen und zu schweren Herzproblemen führen

Was kann man gegen Glykation unternehmen?

Die erste Maßnahme ist die weitgehende Streichung von Zucker und zuckerhaltigen Produkten aller Art, inklusive Traubenzucker, Fruchtzucker, Malzzucker, Milchzucker, sowie versteckten Zuckern, die man in Fastfood, Limonaden und Alkohol findet, aber auch von einfachen Kohlenhydraten, die aus Einfach- und Zweifachzuckern bestehen.

Vorteilhaft sind dagegen Lebensmittel, die blutzuckersenkend wirken, wie Zwiebeln, Grapefruit, Ingwer, grünes Blattgemüse, Hafer, Blaubeeren und Nüsse. Diese Produkte wirken zumindest einer Glykation erfolgreich entgegen. Inzwischen gibt es jede Menge Literatur, um sich Schritt für Schritt vom Zucker zu entsagen. Sehr aufschlussreich zum Thema Zucker ist auch das Buch von dem Arzt Prof. Dr. Robert Lustig “Die bittere Wahrheit über Zucker: Wie Übergewicht, Diabetes und andere chronische Krankheiten entstehen und wie wir sie besiegen können.”

Darüber hinaus gibt es noch einige Natursubstanzen, die neu erforscht wurden, die die Verzuckerung aufbrechen und bereits entstandene Schäden sogar wieder reparieren können. Hierzu später mehr.

1.2.4 Faktor 4: Epigenetische Veränderungen

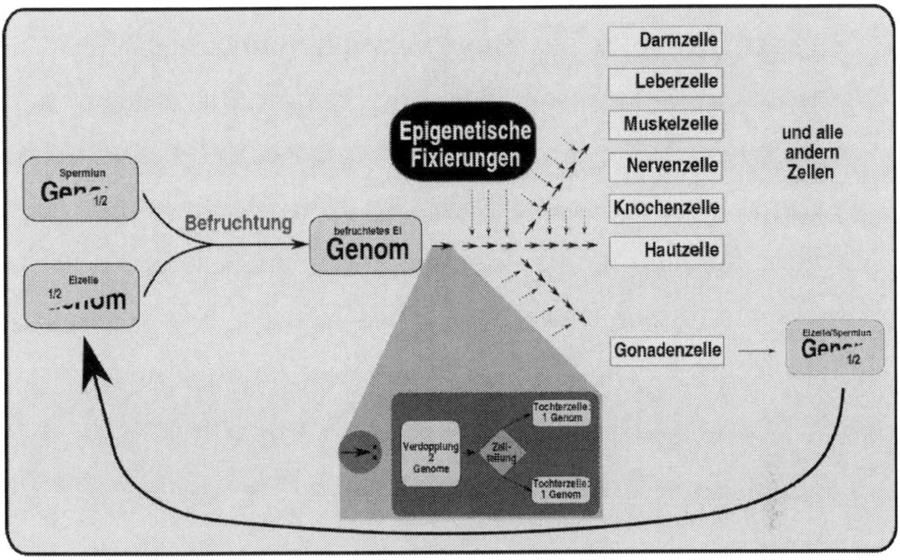

Quelle: https://de.wikipedia.org/wiki/Epigenetik#/media/File:Segragation.svg

Aus einer menschlichen Stammzelle können sich über 200 unterschiedliche Körperzellen entwickeln. So kann daraus eine Muskelzelle, eine Hautzelle oder eine Zelle für Herz oder Niere entstehen. In jeder Zelle sind zwar alle 20.000 menschlichen Gene enthalten, aber nur wenige davon in Gebrauch. Die, die nicht gebraucht werden, werden abgeschaltet. So benutzt eine Hautzelle nur die Gene, die wichtig für ihre Arbeit ist. Eine Gehirnzelle oder eine Leberzelle verwendet einen anderen Satz von Genen.

Wie dieses Abschalten der Gene funktioniert und wo die Informationen dafür gespeichert werden, erklärt ein spezieller noch recht junger Wissenschaftszweig der Biologie, der sich

Epigenetik nennt (griechisch: “epi” bedeutet “über”). Er beschäftigt sich mit der **Informationsebene auf dem Genom**. Unter einem Genom versteht man das gesamte Erbgut eines Lebewesens. Die Informationsebene des Genoms wird **Epigenom** bezeichnet. Es ist quasi die Metaebene des Genoms. Interessant in diesem Zusammenhang ist die Zwillingsforschung mit eineiigen Zwillingen, die in unterschiedlichen Umgebungen aufwachsen. Hier ergründet die Epigenetik, wie das Leben seine Spuren im Erbgut hinterlässt und zu unterschiedlichen Ausprägung von Merkmalen führt, obwohl die genetische Information die gleiche ist.

Tagtäglich findet ein ständiges Wechselspiel zwischen der Umwelt und dem Genom statt, wobei sich der Organismus fortwährend auf seinen Lebensraum einstellen muss. Je nachdem, wie ein Mensch lebt, welchen Lebensstil er hat und welchen Umwelteinflüssen er ausgesetzt ist, verändern sich seine Epigenome und damit die Informationen für seine Gene. So können negative Umwelteinflüsse die Zerstörung und Alterung seiner Zellen einleiten und die Gene negativ programmieren. Im schlimmsten Fall kann das Epigenom auch die Entstehung von Krankheiten steuern.

Zum Glück kann man inzwischen negativen epigenetische Veränderungen nicht nur vorbeugen, sondern sogar durch relativ kostengünstige und sichere Substanzen entgegenwirken und zumindest bis zu einem gewissen Grad rückgängig machen.

2. Reverse Aging mit den besten Natursubstanzen

"Auf die ewige Lebendigkeit kommt es an, nicht auf das ewige Leben."

Friedrich Wilhelm Nietzsche

In der Entschlüsselung der Alterungsprozesse sind die Gerontologen mit Riesenschritten vorangekommen. Damit dein Reverse Aging Prozess erfolgreich abläuft, ist es wichtig, dass dabei verschiedene Faktoren beachtet werden, damit **alle mit dem Alterungsprozess betroffenen Teilbereiche gleichzeitig optimiert** werden.

Die Entdeckung der Telomer-Verlängerung ist die spannendste Anti-Aging Entwicklung unserer Zeit. Das erste Ziel ist es daher, durch Zufuhr des **natürlichen Enzyms Telomerase** die Telomere an den Enden der Chromosomen zu schützen, sodass sie sich weiterhin teilen können und die Zellalterung weitgehend verhindert oder zumindest hinausgezögert wird.

Gleichzeitig sind all die Prozesse so gut wie möglich zu unterbinden, die in der Vergangenheit zur **Glykation**, zu **Änderungen an der DNA** und zu **epigenetischen Änderungen** geführt haben. Hierzu empfiehlt es sich solcher

Substanzen zu bedienen, die nachweislich den besten Effekt auf die einzelnen Bereiche haben und frei sind von Nebenwirkungen. Zum Glück wurden auch in der Erforschung von **Natursubstanzen** in den letzten 10 Jahren bahnbrechende Erkenntnisse gemacht, auf die jeder zurückgreifen kann. Manche davon sind zwar nicht neu, bislang fehlte aber der wissenschaftliche Beweis. Andere wurden erst "wiederentdeckt". Und mit Sicherheit kennst Du bereits die ein oder andere als sogenanntes "Superfood" oder hast von ihnen bereits in den letzten Jahren gehört oder gelesen.

Des Weiteren sind all die Bereiche zu optimieren, die zu den **sekundären Faktoren** des Agings zählen, wie die Hormonproduktion und Arbeit in den Kraftwerken der Zellen, in den Mitochondrien, da diese im Lauf des Lebens nachlassen.

Nach wie vor ist natürlich eine **gesunde und weitgehend zuckerfreie Ernährung und gesunder Sport** wichtig. Insofern sind die Lehrsätze aus den 80er Jahren mit Sicherheit nicht verkehrt. Sie werden lediglich jetzt optimiert.

Auch der geistige Zustand spielt im Alterungsprozess eine wichtige Rolle. Daher sollte **regelmäßige Meditation** nicht fehlen. Meditation hat erwiesenermaßen einen ganz erheblichen Einfluss auf unsere Gesundheit und damit auf unser Lebensalter. Allein die Stressreduktion lässt den Körper weniger übersäuern.

Im Folgenden zeige ich dir, welche Naturprodukte dich bei deiner Verjüngung künftig unterstützen können. Fast alle schützen vor Verkürzung der Telomere sowie vor DNA-Mutationen über Antioxidantien.

2.1 Astragalus Membranaceus

Astragalus ("Astra", griech. bedeutet "Stern", "Gala" bedeutet "Milch", zu Deutsch "**Sternenmilch**") ist eine Unterart der **Tragantwurzel** und stammt ursprünglich aus der Mongolei und Nordchina. Es handelt sich dabei um eine Heilpflanze, die seit Tausenden von Jahren in China zu den bedeutendsten Heilmitteln der traditionellen chinesischen Medizin (TCM) zählt und schier unglaublich viele Anwendungsmöglichkeiten besitzt. Ihr Vorkommen wird in der späten Kreidezeit (65 bis 70 Millionen Jahre vor unserer Zeit) vermutet.

Während die Wirkung dieser Heilpflanze im Westen noch relativ neu ist, ist sie in China bereits seit der Ming Dynastie (1368-1644 AD) dokumentiert.

Astragalus ist unter anderem bekannt für seine **lebensverlängernde Wirkung**. Während man es bislang nur vermutete, so konnte dies erst in jüngster Vergangenheit in zahlreichen wissenschaftlichen Studien auch tatsächlich bestätigt werden.[12]

WELCHE WIRKUNG HAT DIE ASTRAGALUSWURZEL?

---

[12] Rejuvenation Research: A Natural Product Telomerase Activator Lengthens Telomeres in Humans: A Randomized, Double Blind, and Placebo Controlled Study
https://www.ncbi.nlm.nih.gov/pmc/articles/PMC5178008/
Übersicht über die zahlreichen Studien von Astralagus auf
http://www.astragalus-tragant.com/studien.html

Gemäß der TCM wirkt Astragalus auf die Körpermitte ein, d.h. auf Herz, Lunge, Milz und auf die Durchblutung. Sie senkt den Cholesterinspiegel und zeigt sich höchst wirkungsvoll bei zahlreichen Krankheitsbildern. Hierzu zählen alle Krankheiten, die mit einem geschwächten Immunsystem zu tun haben, Herz-, Nieren-, Leber- und Nervenerkrankungen, alle entzündlichen Erkrankungen wir Arthritis, Geschwüre, Ödeme, Hormon- und Verdauungsstörungen bis hin zu AIDS, Krebs, Parkinson und Diabetes mellitus.

Sie wirkt antibakteriell, antiviral, antioxidativ, entgiftend, vitalisierend, immunstimulierend, entzündungshemmend und krebsbekämpfend. Sie stärkt die Lungen- und Herzfunktion, wirkt entspannend, entwässernd und verjüngend.

Was sind Wirkstoffe von Astragalus?

Die Liste der Wirkstoffe dieser Wurzel, die perfekt zusammenspielen, so wie dies bei Mutter Natur immer der Fall ist, ist lang. Sie enthält seltene Polysaccharide und Flavonoide, Glycoside, Folsäure, Aminosäuren, Astragalan, Asparagin, Astragalus Saponin, Betain und einige mehr.

Was ist TA-65?

Das Besondere an Astragalus hinsichtlich seiner lebensverlängernden Wirkung sind seine bioaktiven Bestandteile. Die wichtigste Komponente davon ist **Astragaloside IV**. Dieser Teil wurde inzwischen von

Pharmaunternehmen aus der Pflanze isoliert und patentiert und ist unter der Bezeichnung **TA-65** bekannt.

TA-65 gilt als Telomerase-Aktivator. Erklärtes Ziel mehrerer Pharmaunternehmen war daher, nach der Patentierung dieses Bestandteils von Astragalus ihn dann als Mittel gegen Alterung zu vermarkten, was inzwischen auch geschieht.[13] Zur Erinnerung, mit jeder Zellteilung werden die Telomere, die Enden der Chromosomen, kürzer. Also versucht man, diese mit einem Enzym namens Telomerase wieder zu verlängern bzw. zu aktivieren. Und genau so ein Telomerase-Aktivator ist Astragalus.

Da aber nicht eine gesamte Heilpflanze patentierbar ist, wurden nur diese aus der Astragalus-Pflanze isolierten Moleküle als TA-65 patentiert. Das ist das übliche Vorgehen der Pharmaindustrie. Es kann nicht die gesamte Pflanze, sondern nur ein isolierter Wirkstoff zum Patent angemeldet werden.

Nun ist es aber so wie mit allen Wirkstoffen, die man aus Naturprodukten isoliert: In der Regel schafft es der Mensch nicht, auch nur annähernd die Natur nachzubilden, geschweige denn zu verbessern. Jeder Apfel oder jede Himbeere ist um Längen besser als die Summe der extrahierten Bestandteile.

---

[13] Patentiertes TA-65: https://www.ta-65.de/

Also ist es prinzipiell immer besser, das ganze Naturprodukt zu nutzen, anstatt nur den extrahierten Wirkstoff, der meist auch um einiges teurer ist, da üblicherweise hohe Forschungsgelder dahinterstehen. Im Gegenteil, in einer Studie wurde sogar nachgewiesen, dass nicht der Einzelbestandteil, sondern die **Wurzel von Astragalus im Ganzen** die Bioverfügbarkeit von Astragalsoside IV erhöht. [14]Anstatt also extrahiertes TA-65 zu nehmen, ist die natürliche Astragaluswurzel wesentlich effektiver und gesünder.

WIEVIEL JAHRE KANN MAN LÄNGER LEBEN?

In US-amerikanischen Verbänden und Foren wird derzeit gemutmaßt, dass bei regelmäßiger Einnahme von Astragalus Membranaceus die biologische Uhr um 9 Jahre zurückgedreht werden könnte. Das sind bislang alles Hypothesen, die noch nicht durch entsprechende wissenschaftliche Studien untermauert wurden. Noch steht die Wissenschaft des Reverse-Aging in den Kinderschuhen, sodass es schwierig ist, genaue Zahlen zu nennen.

In diversen Studien [15] konnte aber inzwischen bestätigt werden, dass durch Gabe von Pulver aus der Astragalus Wurzel:

---

[14] Astragalus-Studien: http://www.astragalus-tragant.com/studien.html
Leitfaden zur biologischen Verjüngung: http://bit.ly/reverse-aging-leitfaden
[15] http://www.prnewswire.com/news-releases/wegweisende-wissenschaftliche-in-vivo-studie-veroffentlicht-ta-65-verlangert-die-gesundheitsspanne-erneuert-organsysteme-und-erhoht-die-lange-von-kritischen-kurzen-telomeren-124263344.html

die Aktivität der Telomerase-Enzyme angeregt werden und dadurch beitragen, dass sich die **Telomere in den Zellen wieder verlängern**;

- die **Heilung von kranken Organen** beschleunigt wird und sich der allgemeine Gesundheitsstatus verbessert;
- die **Reparaturfähigkeit der DNA** beschleunigt wird; dadurch kann der Schutz vor DNA-Mutationen erhöht werden.
- der **Schutz vor Glykation** erhöht wird.

WIE WIRD ASTRAGALUS DOSIERT?

Aufgrund fehlender Forschungsdaten ist es schwierig, eine genaue Dosierung zu geben. Außerdem spielen auch das Alter und der Gesundheitszustand eine Rolle.

Studien zur Dosierung und Nebenwirkungen liegen hauptsächlich zu dem isolierten Inhaltsstoff TA-65 bzw. Astragaloside IV vor, nicht für die Astragalus Wurzel als Ganzes. Danach liegt die empfohlene Tagesdosis für TA-65 bei 5 mg. 100g getrocknete Astragaluswurzel beinhalten laut verschiedener Quellen etwa 28 mg TA-65. Dies würde für das reine Astragalus-Pulver einen Tagesbedarf von 17 g bedeuten.[16]

[16] http://slightimmortality.blogspot.com/

Wie bei nahezu allen organischen Quellen, ist es immer besser, die natürliche Pflanze zu verwenden, sei es einen Pilz, eine Wurzel oder eine Frucht, und nicht nur den extrahierten Wirkstoff. Jeder Apfel ist um Längen besser als die reine Ascorbinsäure (Vitamin C). Gerade durch das Zusammenspiel aller Inhaltsstoffe wird die Wirkung häufig um ein Vielfaches verstärkt.

Astragalus wird auch als Wurzelextrakt im Handel angeboten. Entsprechend sind die o. gen. Werte zu modifizieren. Im Zweifelsfall sind die Angaben des Herstellers zu beachten und die Dosierung schrittweise anzupassen. Lasse auf jeden Fall immer Vorsicht walten und lege zwischendurch mehrwöchige Pausen bei der Einnahme ein.[17]

Fazit:

3 von 4 Hauptfaktoren des Alterns können erwiesenermaßen durch Astragalus Membranaceum optimiert werden, nämlich der Schutz vor Telomer-Verkürzung, der Schutz vor DNA-Mutationen und der Schutz vor Glykation.

Wissenschaftler vermuten daher, dass sich durch die regelmäßige Einnahme dieser Natursubstanz die Lebenserwartung signifikant erhöhen könnte.

---

[17] Weiterführende Studien, Dosierungen und Anwendungsmöglichkeiten in dem Buch: Der ultimative Leitfaden zur biologischen Verjüngung http://bit.ly/reverse-aging-leitfaden

2.2 L-Carnosin

L-Carnosin ist eine weitere sensationelle Entdeckung gegen Alterung und bereits einige Jahre als Nahrungsergänzung erhältlich.

Wie die Astragalus-Wurzel, so bietet die auch L-Carnosin einen **3-fach-Schutz** im Alterungsprozess, nämlich:

1. den Schutz vor Telomer-Verkürzung,
2. den Schutz vor DNA-Mutationen und
3. den Schutz vor Glykation.

Was ist L-Carnosin?

L-Carnosin ist keine Droge, kein Vitamin und kein Mineral, sondern ein körpereigener und zu **100% natürlicher Stoff** im menschlichen Organismus. Besonders häufig kommt er in langlebigen Zellen vor, wie den Muskel- und Nervenzellen, im Herzmuskel, in der Leber, im Hirn und anderen Organen. L-Carnosin besteht aus den beiden Aminosäuren Alanin und Histidin und wird auch als Neuropeptid bezeichnet aufgrund seiner hervorragenden **Schutzeffekte auf das Gehirn**. L-Carnosin nährt und schützt all unsere funktionalen Lebensgrundlagen, nämlich unsere Zellen, Proteine und DNA-Lipide.

Wie man in Studien herausfand, sinkt mit zunehmendem Alter unser **L-Carnosin-Spiegel**, und zwar **um etwa 63%** zwischen dem 10. und 70. Lebensjahr. Gerontologen geben diesem Phänomen eine Mitschuld an unserer physiologischen Alterung und den damit verbundenen Erkrankungen, insbesondere den Herzkreislauferkrankungen, da die Pumpeffizienz mit der Zeit nachlässt. Immerhin jeder 2. Bundesbürger verstirbt an dieser Erkrankung.

Wieviel Jahre kann man länger leben?

Entsprechende Experimente mit L-Carnosin wurden bereits durchgeführt. Da man mit lebenden Menschen nur schlecht experimentieren kann, um ihre Lebensdauer zu errechnen, hat man menschliche Zellen genommen und in eine mit L-Carnosin getränkte Nährlösung gegeben. Während die Kontrollgruppe nur eine Lebensdauer von 130 Tagen erzielte, verlängerte sich die Lebensdauer der Zellen in der L-Carnosin Lösung auf 413 Tage. Sie überlebten also 3 Mal länger. Inwieweit ein solches Ergebnis auf einen lebenden Menschen übertragbar ist, lässt sich natürlich schwer beurteilen, aber es beweist zumindest die lebensverlängernde Wirkung von L-Carnosin.

WELCHE WIRKUNGEN HAT L-CARNOSIN?

In einer Vielzahl von Studien wurde inzwischen die Wirkung von L-Carnosin auf verschiedene Erkrankungen und in unterschiedlichen Dosierungen getestet.[18] Dabei konnten die positiven Eigenschaften und Fähigkeiten von L-Carnosin nachgewiesen werden, sei es im Hinblick auf Krankheiten und spezielle Altersleiden wie Schlaganfall und Parkinson sowie auf die Begleiterscheinungen des Alters wie die Faltenbildung.

L-Carnosin **wirkt verjüngend auf die Hautzellen** und gibt der Haut ein **gesundes Erscheinungsbild**. Es sorgt für den Erhalt des Säure-Basenhaushalts gerade bei hoher physischer Anstrengung (daher auch gut für Sportler geeignet), es unterstützt die Muskelzellen, erhöht die Leistungsfähigkeit und Kraft. Selbst in hohen Dosen war L-Carnosin gut verträglich. Inzwischen wird L-Carnosin als Nahrungsergänzung ab dem 40. Lebensjahr sowie Sportlern empfohlen. Es ist eine **hoch effektive Anti-Aging**-Substanz.

---

[18] L-Carnosin Studien:
- Zaloga GP., 1997: Erhöhung der Kalziumkonzentration innerhalb der Herzmuskelzellen
- Boldyrev et.al, 1999: Studie über die Wirkung gegen Oxidationsstress:
Miller und O'Dowd, 2000: Studie über den Abbau von Schwermetallen
-Wang, 2000: Hilfe bei Augenproblemen wie Grauer Star oder altersbedingter Sehschwäche
- Bharadwaj, 2002: Studie über die Stärken der Kontraktionsfähigkeit des Herzmuskels
- Alaghband-Zadeh, 2001: Studie über die potenzsteigernde Wirkung
- Petroff, 2000; 2001: Hilfe bei Schizophrenie
Vizoli MR, 1983
Boldyrev AA, 1999: 20% längere Lebenszeit für Mäuse in Tierversuchen
- Quinn PJ, 1992: Gute Verträglichkeit auch in hohen Dosierungen:
- Studie Burcham von 2002: Anti-aging Wirkung von L-Carnosin
- Studie Petroff von 2002: Wirkung bei Epilepsie: Carnosin kämpft effektiv gegen den vorherrschenden Oxidationsstress an und wirkt zusätzlich krampflösend.
- Studie Odashima von 2002: Wirkung auf normale und Netz- bzw. Magenschleimhaut: Carnosin wirkt verjüngend auf Hautzellen und setzt die die Bildung von Geschwüren herab.

Dosierung

Die derzeitigen Einnahmeempfehlungen liegen bei 2 x täglich 500 mg L-Carnosin.

2.3 Alpha-Liponsäure und Acetyl-L-Carnitin (ALC)

"Liponsäure ist das mächtigste Antioxidans, das der Mensch kennt"

Dr. Lester Packer, einer der weltweit führenden Antioxidantienforscher und Professor für molekulare Zellbiologie an der Berkeley-Universität[19]

Je mehr die Wissenschaftler über die Mechanismen des Alterns herausfinden, umso näher kommen wir zu Lösungen, die ein agiles Leben bis ins hohe Alter erlauben. Genauso revolutionär wie die Entdeckung der Telomere, waren die bahnbrechenden Forschungsergebnisse des Regenerationsforschers **Dr. Dann Nicuta**, die von dem Gerontologen-Team um den renommierten Zellbiologen **Prof. Dr. Bruce Ames** bestätigt wurden. Es geht bei dieser Entdeckung um die Natursubstanzen L-Carnitin bzw. **Acetyl-L-Carnitin in Kombination mit Alpha-Liponsäure**.

Der Biomediziner Dr. Tory M. Hagen meinte bei Tierversuchen hierzu, diese Substanzen könnten *aus einer Person im Alter von 75 bis 80 Jahren eine Person mittleren Alters* machen.

---

[19] PH.D. Lester Packer https://www.nuskin.com/content/dam/nse/pdf/Bios/lesterpacker.pdf

Was ist das Besondere an diesen Substanzen?

Auch wenn es sich recht chemisch anhört, sind diese beiden Substanzen keine chemischen Produkte, sondern so wie L-Carnosin ebenfalls natürliche Bestandteile des menschlichen Organismus, die er selbst in kleinen Mengen produziert. Man fand heraus, dass der Mensch mit zunehmendem Alter die Fähigkeit verliert, diese Stoffe zu produzieren. Außerdem konnte man in Studien beweisen, dass wenn man diese beiden Stoffe in der zweiten Lebenshälfte gleichzeitig dem Körper zuführt, dies auffällige gesundheitliche Vorteile hat.

Sie haben zwar keine Auswirkung auf die Telomere, aber wie sich herausgestellt hat, bieten diese beiden Substanzen einen hervorragenden Schutz vor dem 4. Hauptfaktor der Alterung**, n**ämlich den **epigenetischen Veränderungen**. Zusätzlich schützen die Substanzen vor **DNA-Mutationen** und **Glykation**, indem sie den Zellen helfen, ihre eigene Energie zu produzieren und erhöhen damit die zelluläre Vitalität.

Was ist Alpha-Liponsäure?

Alpha-Liponsäure, auch kurz Liponsäure genannt, ist ein körpereigener Stoff, der in den Mitochondrien in ein wirkungsvolles Antioxidans transformiert wird, vorausgesetzt es ist genügend davon im Körper vorhanden. Es ist als Antioxidans ein Multitalent und wird auch als “**Super-**

Antioxidans" bezeichnet. Es gilt als eines der kraftvollsten und vielseitigsten Antioxidantien, das in jeder Zelle des Körpers produziert wird.

Es ist sowohl **fett- als auch wasserlöslich** und kann daher in unterschiedlichsten Milieus im Körper freie Radikale neutralisieren. Es wird leicht absorbiert und kann in viele Organe und Systeme im Körper transportiert werden, z.B. in die Leber und Nerven, wo es die Zellen auf breiter Ebene schützt. Da die Nährstoffversorgung der Nerven erhöht wird, können Nervenschmerzen nachweislich reduziert werden. Alpha-Liponsäure ist daher auch bei Krankheiten empfohlen, die mit **Nervenschädigungen** zusammenhängen (Diabetes mellitus, Demenz). Da es die **Blut-Hirn-Schranke überwindet**, hat es zusätzlich auch eine schützende Wirkung vor kognitiven und neurologischen Erkrankungen wie Alzheimer.

Alpha-Liponsäure hat die Fähigkeit, andere Antioxidantien, wie Vitamin C, Vitamin E, Q10, Glutathion zu unterstützen und bildet zusammen mit diesen Stoffen quasi ein **antioxidatives Netzwerk**. Gleichzeitig hilft es den B-Vitaminen, Proteine, Kohlenhydrate und Fette in Energie zu wandeln.

Es vermag, Nahrungszucker und Nahrungsfette in Energie umzuwandeln, eine Fähigkeit, die besonders für **Abnehmwillige**, **Diabetiker** und **Sportler** interessant ist.

Der Diabetiker kann Insulin sparen. Dadurch, dass weniger Zucker in Form von Körperfett gespeichert wird, beschleunigt es den Abnehmprozess. Und Sportler bekommen mehr Energie und Kraft.

Was ist Acetyl-L-Carnitin?

Es handelt sich ebenso um eine körpereigene Substanz, die in Gehirn, Leber und Nieren gebildet wird. Sie besteht aus den beiden Aminosäuren Lysin und Methionin.

Sie transportiert die Fettsäuren aus dem Blut in die Muskelzellen. In den Mitochondrien, den Kraftwerke innerhalb der Zellen, werden die Fettsäuren dann verbrannt und die Energie für unseren Organismus freigesetzt. Gleichzeitig sorgt sie für die Körperfettregulation und -reduktion bei Menschen mit Übergewicht, da sie die Fettverbrennung steigert. Sie kann die Fettsäuren aber nicht von allein freisetzen bzw. verbrennen. Daher ist diese Substanz bei Personen, die abnehmen wollen oder unter Sportlern oft diskutiert.

Gleichzeitig steigert sie die funktionellen **Leistungen des Gehirns**, da die Reizübertragung durch Nervenbotenstoffe verbessert wird[20], sodass die Zellenergie und geistige Wachheit erhöht wird. In Anti-Aging Studien konnte

---

[20] https://www.ncbi.nlm.nih.gov/pubmed/1407262
Studie Arrienti 1992

nachgewiesen werden, dass Acetyl-L-Carnitin in der Lage ist, durch Freie Radikale verursachte Schäden am menschlichen Erbgut und somit DNA-Schäden zu reparieren.[21]

Es gibt inzwischen über 9000 Studien mit Actyl-L-Carnitin. [22]Hier wurde u.a. nachgewiesen, dass diese Substanz vor einer Vielzahl an Erkrankungen schützt, wie Alzheimer, Demenz, Schlaganfall, Depressionen, Herz-Kreislauf-Erkrankungen, Müdigkeit und Erschöpfung, nachlassender Leistung, Schwächung des Immunsystems, Infektanfälligkeit, Gewichtszunahme und Verfettung von inneren Organen. Gleichzeitig beschleunigt es den Fettstoffwechsel, erhöht die Ausdauer und hilft beim Abnehmen und Muskelaufbau.

---

[21] Boerrigter METI Carcinogenesis 1993 https://www.ncbi.nlm.nih.gov/pubmed/8222066

[22] Studien mit Acetyl-L-Carnitin:
- Sinforiani 1990: Schutz vor Demenz
- Kalaria 1992: Schutz vor Alzheimer
- Taglialatela 1991: Schutz vor frühzeitigem Zelltod
- Arienti 1992: Schutz gegen Lipid-Peroxidation und Alterung des Gehirns
- Rosenthal 1992: Schutz vor Schlaganfall
- Arrigo 1990: Schnellere Rehabilitation nach Schlaganfall

Warum ist die Kombination dieser Wirkstoffe so wichtig?

Lass es uns mal etwas näher betrachten, was es mit dieser Wirkstoffkombination auf sich hat und in welchen Natursubstanzen diese Stoffe zu finden sind.

Das Team um den Zellbiologen Prof. Dr. Ames arbeitete lange Zeit an der Erforschung der Zusammenhänge zwischen Mikronährstoffen und dem menschlichen Stoffwechsel. Dabei stellten sie fest, dass eine Unterversorgung mit Vitaminen, Mineralien und essentiellen Fettsäuren oxidative Schäden verursacht und degenerative Erkrankungen wie Herz--Kreislauf-Krankheiten, Krebs, Gedächtnisverlust verursachen. Dabei seien besonders die Mitochondrien, die Zellkraftwerke, das schwache Glied in der Kette. Einer der Hauptgründe für den Alterungsprozess sei daher, dass die Mitochondrien langsam verfallen. Mit dem Alter würden Oxidationsprozesse, die durch Freie Radikale verursacht werden, zunehmen.

Prof. Dr. Ames hatte schon früh erkannt, dass oxidative Schäden mit Vitamin C, Vitamin E und essentiellen Fettsäuren vermieden werden können.

Die große Sensation kam Anfang 2002, als das Team bei Versuchen mit Ratten zeigen konnte, dass eine **Kombination mit den beiden natürlichen Wirkstoffen Alpha-Liponsäure und Acetyl-L-Carnitin den Alterungsprozess aufhalten** konnte. Bei der Gruppe an

Versuchstieren, denen man diese Kombination gab, bewirkte es unglaubliche Resultate. Ihr Gehirn sah besser aus und sie waren voller Energie und Elan, so wie ein Jungtier. Und dies galt auch für Ratten, die bereits am Ende ihres Lebenszyklus standen und entsprechend altersgeschädigt waren. Bereits nach einem Monat der Fütterung waren sie wesentlich agiler und ihre Gedächtnis- und Leistungstests entsprach denen von jungen Tieren. Es war eine **Regeneration der Zellen** in Gang gekommen.

Gemäß Prof. Dr. Ames ist es wichtig, Alpha-Liponsäure und Acetyl-L-Carnitin **nur in Kombination** zu nehmen, da sie nur dann eine verjüngende Wirkung insbesondere auf das Gehirn haben.

Zusammenfassung:

Alpha-Liponsäure ist wasser- und fettlöslich und kann Freie Radikale (Oxidantien) im Fettgewebe, wie z.B. dem Nervensystem, sowie in Geweben, die in erster Linie aus Wasser bestehen, wie z.B. das Herz, wirkungsvoll bekämpfen und vernichten. Durch die Fähigkeit, die Blut-Hirn-Schranke zu überwinden, schützt es vor neurologischen und kognitiven Erkrankungen (Alzheimer). Es wandelt Nahrungszucker und Nahrungsfette in Energie um.

Acetyl-L-Carnitin sorgt dafür, dass die Proteine geschützt werden und optimal funktionieren.

In Kombination schützen sie vor 3 primären Faktoren des Alterungsprozesses:

1. *Schutz von DNA-Mutationen durch Antioxidantien*
2. *Schutz vor Glykation*
3. *Schutz vor epigenetischen Veränderungen*[23]

---

[23] Weiterführende Studien, Dosierungen und Anwendungsmöglichkeiten in: Medizinskandal - Codex Humanus https://bit.ly/Codex-humanus

2.4 Resveratrol und OPC

"Das große Ziel der Wissenschaft ist es, den Gesundheitszustand des Menschen zu verbessern, indem man ihm zu seinen natürlichen Kräften zurück verhilft."

Elemente der Natürlichen Philosophie, 1808

Resveratrol ist eine weitere natürliche Substanz, die, obwohl sie nicht gerade neu ist, in letzter Zeit immer mehr in den Fokus der Gerontologen und Wissenschaftler gerät und gar als **Anti-Aging-Wunder** gehandelt wird.

Resveratrol gehört zu der großen Gruppe der sekundären Pflanzenstoffe und wurde erstmals 1963 im japanischen Staudenknöterich entdeckt und isoliert, später auch in über 72 Pflanzen, wie in Himbeeren, roten Weintrauben (besonders in der Haut), in Rotwein, Pflaumen, Maulbeeren und Erdnüssen. Traditionell wird dieser Inhaltsstoff bereits seit Jahrhunderten in China und Japan in einer Heilpflanze mit der Bezeichnung "Polygonum cuspidatum" verwendet.

Was ist das Besondere an Resveratrol?

Das Besondere an Resveratrol ist, dass es die Mechanismen einer **kalorienreduzierten Ernährung nachahmt**. Mit anderen Worten, der Körper "denkt", dass Du dich gerade kalorienarm ernährst, obwohl Du "normal" isst. Aus zahlreichen Studien ist bekannt, dass eine kalorienreduzierte Kost viele gesundheitliche Vorzüge hat, sodass Krankheiten meist erst im fortgeschrittenen Alter auftreten, wie Krebs, Diabetes und neurologische Krankheiten. Der Grund ist, dass bei einer Kalorienreduktion sogenannte **Sirutuin-Enzyme** aktiviert werden, die die Energieproduktion in den Mitochondrien optimiert und zu einem besseren Zellschutz beiträgt. Gleichzeitig werden kranke Zellen repariert.

Und genau dieses Prinzip wird von Resveratrol nachgeahmt, was folglich zur Gesundheitsförderung und zur Lebensverlängerung führt.

Neue Resveratrol-Studien an der Harvard University sorgten für eine kleine Sensation. Die Wissenschaftler kamen gar zu der Schlussfolgerung, dass Resveratrol das Leben um 20 Jahre und mehr verlängern könne. 24Im Anschluss an ein Tierexperiment im Jahr 2006 schätzte Dr. Miller von der University in Michigan, mit Resveratrol könne der Mensch ein Lebensalter von bis zu140 Jahren erreichen.25

---

[24] Resveratrol-Studies: https://www.health.harvard.edu/blog/diet-rich-resveratrol-offers-health-boost-201405157153
https://hms.harvard.edu/news/new-study-validates-longevity-pathway-3-7-13
Nahrungsergänzung Advanced Resveratrol Formula:
https://www.advancedbionutritionals.com/Cardiovascular-Supplements/Advanced-Resveratrol-Formula.htm?svp_code=ABPOLY2#

[25] https://www.ncbi.nlm.nih.gov/pubmed/16713617
Studie 2006 Aug;127(8):687-94. Harper JM, Salmon AB, Chang Y, et al. "Stress resistance and aging: influence of genes and nutrition."

Welche Wirkung hat Resveratrol?

Resveratrol bietet einen Schutz bei 2 der wichtigen Hauptfaktoren beim Alterungsprozess, nämlich

1. vor DNA-Mutationen und
2. es schützt vor epigenetischen Veränderungen.

Resveratrol hat nachweislich[26] einen positiven Einfluss auf viele Alterskrankheiten, darunter

- **zahlreiche Krebsarten**,
- **Autoimmunerkrankungen**,
- **Diabetes**,
- **Herzkreislauferkrankungen** [27] und
- **Störungen des Fettstoffwechsels**.
- Es senkt den **Cholesterinspiegel** und senkt das negative LDL,
- es senkt den **Bluthochdruck**,
- wirkt der **Zelloxidation** entgegen und kann somit **Arteriosklerose** verhindern.

---

[26] Studien mit Resveratrol siehe auch http://bit.ly/reverse-aging-leitfaden

[27] Studie Resveratrol bei Herz-Kreislauferkrankungen: Mokni M, Limam F, Elkahoui S, Amri M, Aouani E. Strong cardioprotective effect of resveratrol, a red wine polyphenol, on isolated rat hearts after ischemia/reperfusion injury. Arch Biochem Biophys. 2007 Jan 1;457(1):1-6.

- Da es die Bluthirn-Schranke überwindet, hat es eine neuroprotektive Schutzwirkung auf das Hirn und kann vor **Schlaganfall** schützen.
- In Studien auch der Beweis erbracht werden, dass diese Substanz den Sehnerv schützt und den zerstörerischen Symptomen bei **Glaukom** entgegenwirkt.
- Es hemmt Entzündungsprozesse, wirkt gegen **Arthritis** und kann vor Zerstörung des Gelenkknorpels schützen.
- Den Beweis zur **Lebensverlängerung** konnte zumindest im Tierexperiment erbracht werden. Hier gelang es die Lebensspanne bei übergewichtigen Mäusen zu verlängern.[28]

Wieviel Resveratrol sollte man täglich nehmen?

Wenn man von den Ergebnissen in Tierversuchen ausgeht, müsste man täglich 120 mg Resveratrol pro Tag einnehmen, um einen lebensverlängernden Effekt zu erzielen. Diese Menge allein über natürliche Lebensmittel wie Trauben, Pflaumen, Erdnüsse oder gar Rotwein zu erreichen, ist quasi nicht möglich und nicht wirklich gesund. Außerdem ist die in den Früchten enthaltene Menge an Resveratrol unterschiedlich, sodass es hierfür keine eindeutigen Dosierungsempfehlungen gibt.

[28] https://vitalinstitut.net/resveratrol/

Gemäß einer Studie[29] aus dem Jahr 2004 wurde ein Wert von 390 mg Resveratrol pro Tag für eine Person mit einem Gewicht von 65 kg errechnet. Üblicherweise wird heute hauptsächlich Resveratrol in Form von Kapseln angeboten, die den Pflanzenstoff in Mengen bis zu 500 mg enthalten. Bei Tierversuchen konnten selbst Dosierungen bis 700 mg keine Nebenwirkungen nachgewiesen werden.[30]

Was ist OPC?

Wie Resveratrol ist auch OPC **(Oligeomere Proanthocyanidine)** ein Bestandteil roter Trauben, wobei OPC hauptsächlich in den Kernen steckt, aber auch in der Traubenhaut, in Erdnüssen, Heidelbeeren und Cranberrys. Leider werden Traubenkerne immer mehr weggezüchtet, sodass vermehrt kernlose Trauben in den Handel kommen. Wenn Du etwas für deine Gesundheit tun möchtest, kaufe in der Traubensaison am besten Trauben mit Kernen. Prinzipiell sind Bio-Trauben vorzuziehen, da Trauben jede Menge Gifte abbekommen. OPC Nahrungsergänzungsmittel werden üblicherweise aus Traubenkernextrakten hergestellt.

Mit OPC lässt sich eine ähnlich zellbeschützende und immunisierende Wirkung wie mit Resveratrol erzielen. Es gehört ebenfalls zur Gruppe der Polyphenole. Sein

---

[29] Resveratrol - Associated Renal Toxicity https://academic.oup.com/toxsci/article/82/2/614/1656888

[30] https://vitalinstitut.net/resveratrol/

antioxidatives Potential ist 50 Mal so wirkungsvoll wie das von Vitamin C. Es ist ein daher hochpotentes **pflanzliches Antioxidans** für den Zellschutz und schützt den Körper vor dem schädigenden Einfluss von freien Radikalen und den damit verbundenen negativen Einflüssen.

Es hat einen besonders positiven Einfluss auf die **Hautzellerneuerung** und die Gesundheit der Hautgefäße. Dabei fördert es ein natürliches Anti-Aging von innen, sodass **vorzeitige Hautalterung vermieden** werden kann und die Haut glatt und geschmeidig bleibt. Außerdem repariert es Kollagen, das instabil geworden ist. OPC lässt sich auch als **natürliches Face-Lifting** bezeichnen.

Darüber hinaus hilft es zur **schnellen Wundheilung**, da es sich positiv auf das Bindegewebe auswirkt. Es sorgt für schönes und **volles Haar** und gesunde Augen. Es schützt **Herz und Blutgefäße**, **Gehirn und Nerven** und senkt den **Cholesterinspiegel**. Es hilft bei **Hautproblemen**, **Allergien**, **Falten**, Problemen mit den **Blutgefäßen**, PMS und **chronischen Entzündungen**. In-Vitro-Studien und Versuchen mit Mäusen konnte beweisen, dass OPC das Tumorwachstum hemmen und somit vor Krebs schützen kann.

Eine **lebensverlängernde Wirkung** konnte bislang erst an Versuchen mit Ratten gezeigt werden. Wissenschaftler gehen daher davon aus, dass dies dann auch auf Menschen zutreffen könnte.[31]

---

[31] OPC Studien: https://www.opckapseln-abc.de/blog/studien-opc-traubenkernextrakt

2.5 Kolloidales Gold

"Trinkbares Gold heilt alle Krankheiten, es erneuert und stellt wieder her ... Unter allen Elixieren ist das Gold das Höchste und das Wichtigste für uns. Das Gold kann den Körper unzerbrechlich halten".

Paracelsus

Schon Paracelsus sah ausgerechnet dieses Edelmetall als ein **universelles Heilmittel**, das er über alle Naturheilmittel erhob. Womöglich handelt es sich sogar um das älteste Heilmittel der Menschheit überhaupt. Laut medizinischer Aufzeichnungen wurde bereits vor über 5000 Jahren im alten Ägypten Goldwasser verwendet, um die Lebenskraft zu stärken und den Energiefluss anzuregen. Auch ist Gold seit Jahrtausenden Bestandteil der traditionellen chinesischen Medizin (TCM) und des indischen Ayurveda. Dabei wurde Gold nicht zur zur **Heilung**, sondern auch zur **Verjüngung** und **Langlebigkeit** eingesetzt.

Und tatsächlich ist Kolloidales Gold ist als **hoch potente Anti-Aging-Substanz** einzustufen. Ihr kommt sowohl innerlich als äußerlich für die Zellen größte Bedeutung zu, da sie an den fundamentalen Schaltstellen ansetzt. Sie schützt vor:

1. **DNA-Mutationen durch Antioxidantien**

2. **Glykation und**

3. **epigenetischen Veränderungen**

Inzwischen können moderne wissenschaftliche Studien auch den Beweis für die außergewöhnliche Heilkraft von aufbereiteten Gold-Essenzen erbringen.[32]

Gold-Verbindungen wirken bis **in jede Zelle hinein** und sind u.a. in der Lage, chronische Erkrankungen zu heilen, die innere Energie und Leistungsbereitschaft zu aktivieren, das Nervensystem zu beruhigen und vieles mehr.

Gold findet sich nicht nur tief in der Erde in Goldminen wieder, sondern kommt als Spurenelement in den Grundsteinen des menschlichen Körpers vor und wird absolut benötigt. **Besonders im Gehirn kommt Gold vor, um hier wichtige Aufgaben zu erfüllen.** Auch in unserer Nahrung ist es zu finden, wie in Möhren, Chicorée und besonders in Schalentieren (Krabben, Muscheln).

---

[32] Aurum Potabile: Das universelle Gold-Heilmittel der Alchemie
http://www.horusmedia.de/2012-aurum/aurum.php
Cytomed Gmbh, Baden-Baden, s.: www.life-testinstitut.de/news14.htm
Studien mit der EPC/GDV-Kamera nach Dr. Konstantin Korotkov:
- Jan. 2008:„Pivotal advance:...mechanism for the anti-rheumatic effects of gold...", Zetterström u.a., Karolinska University Hospital Stockholm, in: „Journal of Leukocyte Biology" ,
- Mai 2012:„Anti-inflammatory active gold(I) complexes...", Trávnicek u.a., Pálacky University Olomouc, in: „Journal of midicinal chemistry'"

Was ist kolloidales Gold?

Kolloidales Gold, auch Goldwasser genannt, besteht aus allerkleinsten Goldteilchen im Nanobereich (1 Nano = 1 Milliardstel Meter), die in destilliertem Wasser gelöst werden. Das Besondere an ihnen ist, dass sie sich aufgrund ihrer Ladung gegenseitig abstoßen. Dadurch befinden sie sich ständig in einem **Dauerschwebezustand** und können so überhaupt erst ihre Wirkung entfalten.

Wie unterstützt kolloidales Gold den Anti-Aging-Prozess?

Im menschlichen Organismus hängen nahezu alle Funktionen vom **Fließen der Elektronen** ab. Für jeden einzelnen Prozess, der im Körper stattfindet, wird Energie benötigt, um das **Zusammenspiel und die Kommunikation aller Körperzellen** zu gewährleisten.

Die **winzigen Goldteilche**n in kolloidalem Gold helfen dabei, diesen Fluss zu unterstützen und zu regulieren. Sie wirken dabei in jede unserer bis zu 100 Billionen Zellen hinein und haben Einfluss auf unseren gesamten Körper, von der Haut, über Organe, Nerven, Knochen, Muskeln bis hin zum Gehirn.

Aufgrund ihrer elektrischen und magnetischen Felder können sie **energetische Blockaden im Körper lösen**, wodurch die lebenswichtigen Informationsübertragungen wieder möglich werden. Gleichzeitig werden gealterte, abgestorbene oder durch Krankheit **zerstörte Zellen** elektromagnetisch angezogen und können dann **ausgeschieden** werden. Auf diese Weise trägt kolloidales Gold zur **Gesunderhaltung**, **Selbstheilung**, **Aktivierung und Stärkung** des Organismus bei. Außerdem bekommen Körper, Geist und Seele wieder ihr **ursprüngliches Schwingungsmuster** zurück. Die Folge ist eine Steigerung der Lebensenergie, mehr Klarheit des Geistes und eine Erhöhung der physischen Kraft.

Nicht zufällig wird auch in technischen Geräten genau dort Gold verwendet, wo es um eine **verlustfreie Weiterleitung von Information** geht. Die besten Steckverbindungen (z.B. Klinkenstecker) sind in der Regel aus Gold gefertigt genauso wie hochwertige Leiterplatinen. Und genauso wie in technischen Geräten kann Goldwasser auch im menschlichen Körper die Leitfähigkeit der erhöhen und somit die körpereigenen Regenerationsmechanismen beschleunigen.

Der **Informationsfluss wird um das bis zu 10.000-fache** verbessert. Dies wiederum hat Einfluss auf die Hirnleistung. In einer amerikanischen Pilotstudie wurde nachgewiesen, dass sich der **Intelligenzquotient der Probanden um 20 % steigerte**, nachdem sie täglich 3 Monate lang kolloidales Gold eingenommen hatten.

Kolloidales Gold hat zwar keine Eigenschaft als Radikalfänger, aber es unterstützt die Produktion der körpereigenen Abwehrstoffe und dient als Treibstoff für wirkungsvolle Antioxidantien. Eines davon ist das Enzym SOD, auch "**Methulsalem-Enzym**" genannt, das bei kolloidalem Gold vermehrt gebildet wird. Es handelt sich um einen der stärksten bekannten Radikalfänger, der in der Lage ist sogenannte **Superoxide** einzufangen. Normalerweise stellt der Körper dieses Enzym selbst her. Aber bei **entzündlichen und rheumatischen Gelenkserkrankungen**, Diabetes, Krebs, Allergien und Erkrankungen des Herz-Kreislaufsystems, braucht der Körper mehr von diesem Enzym. Durch kolloidales Gold wird die Produktion des SOD-Enzyms angekurbelt, sodass Schmerzen, Entzündungen und Schwellungen zurückgehen.

Ein weiterer großer Vorteil des Goldwassers im Anti-Aging-Prozess ist seine Fähigkeit, **Glykation rückgängig** zu machen. In einer Studie konnte ein Rückgang vorhandener Schäden durch Glykation innerhalb der menschlichen Haut um 56% unter Beweis gestellt werden.[33]

Ein weiterer Vorzug des Goldwassers ist, dass die **Zirbeldrüse, unser "drittes Auge" aktiviert** wird. Dadurch werden die Intuition, die innere Balance und die

---

[33] Rückgang von Glykationsschäden: https://www.researchgate.net/publication/221794610_Anti-glycation_Effect_of_Gold_Nanoparticles_on_Collagen

Wahrnehmung geschärft. Es wirkt entstressend, harmonisierend, regenerativ und letztendlich verjüngend.

Wie ist die Dosierung für kolloidales Gold?

Wichtig ist die richtige Dosierung! Kolloidales Gold sollte **nie in großen Mengen** eingenommen werden, es könnte sonst zu Nebenwirkungen kommen wie Übelkeit, Erbrechen, Hautausschlag und Juckreiz. Bei extrem hoher Einnahme könnte es sogar zu Problemen mit Lunge, Nieren oder Leber führen. In diesen Fällen suche umgehend einen Arzt auf!

Besser ist es, von Anfang an nicht hoch zu dosieren, sondern sich lieber langsam an die geeignete Menge heranzutasten.

Als allgemeine Einnahmeempfehlung gelten **3 Mal täglich 15 bis 30 ml**. Große und kräftige Personen können etwas mehr einnehmen, leichte und kleine Personen maximal 3 x 5 ml pro Tag. Zur Einnahme solltest Du keinen Metalllöffel verwenden, sondern einen Löffel aus Porzellan oder Plastik, da sonst die Wirkung beeinträchtigt wird. Lasse das Goldwasser erst etwas im Mund, sodass es über die Mundschleimhaut aufgenommen werden kann, bevor Du es schluckst. Bewahre es kühl und dunkel auf (nicht im Kühlschrank) und nach Möglichkeit entfernt von elektromagnetischen Wellen (Handy, TV, Radio, Computer, Mehrfachsteckdosen, etc.).[34]

---

[34] Nähere Infos zu Dosierung von Kolloidalem Gold:
- "Heilen mit Gold" Brigitte Hamann, , Kopp Verlag. https://www.kopp-verlag.de/Heilen-

Tipp:

Kolloidales Gold lässt sich auch selbst herstellen. Da die Kosten für fertiges kolloidales Gold nicht gerade niedrig sind (pro Jahr kommt man schnell auf 1.000 € pro Person), lohnt sich möglicherweise die Anschaffung des geeigneten Equipments. Eine Variante ist, sich Goldelektroden (Goldstäbe) mit einem Durchmesser von 1mm in einer Goldreinheit von 99,99% zu besorgen und einen Silbergenerator, z.B. den Ionic Pulser von Medionic. Damit die Goldstäbe dort passen, benötigt man dann noch einen Adapter für Kolloid-Elektroden.[35]

Wer auf „Nummer Sicher" gehen will, sollte sein kolloidales Gold nur bei einem Hersteller seines Vertrauens beziehen. Ich persönlich verwende bevorzugt die Produkte des von mir geschätzten Naturheilkundeexperten Robert Franz, der ein auf reinem Quellwasser (anstatt destilliertem Wasser) basiertes kolloidales Gold auf seiner Website www.narayana-verlag.de vertreibt.

---

mit-Gold.htm?websale8=kopp-verlag&pi=935000&ws_tp1=kw&ref=googlemc&subref=pool/shopping&gclid=EAIaIQobChMI3IC1053i2wIVTlXTCh0D2AvwEAYYASABEgLNI_D_BwE

[35] Kolloidales Gold herstellen https://goldmachen.de/goldelektroden/?v=3a52f3c22ed6

2.6 Melatonin

"Ich bin siebzig Jahre alt. Zu meiner Überraschung bin ich mir plötzlich meiner Sterblichkeit bewusstgeworden. Ich kann es mir nicht leisten, weitere dreißig Jahre zu warten. ich möchte nicht zusehen, wie meine Kreativität, meine Fähigkeit, die Schönheit dieser Erde zu genießen, und die sinnliche Freude meines Körpers durch einen Prozess zerstört wird, den unsere Untersuchungen uns als reversibel und gar als vermeidbar darstellen."

(Prof. William Regelson nach 30-jähriger Forschung der Immunologie und Pionier der Melatonin-Erforschung)

Prof. Dr. Dr. Walter Pierpaoli aus der Schweiz bzw. Italien und Dr. William Regelson aus den USA, zwei der profiliertesten Wissenschaftler auf dem Gebiet der Altersforschung, bezeichnen Melatonin als "**Wunderhormon**" bzw. "**Unsterblichkeitshormon**" und den Schlüssel zu ewiger Jugend, Gesundheit und Fitness.[36] Laut ihren Forschungsarbeiten ist Melatonin in der Lage, den Alterungsprozess ganz erheblich zu verlangsamen, biologisch zu verjüngen und Krankheiten wie Krebs, Parkinson, Herzinfarkt, Schlaganfall, Diabetes, Alzheimer oder grauen Star zu verhindern.

---

[36] https://www.schallers-gesundheitsbriefe.de/archiv-der-gesundheitsbriefe/archiv-12/melatonin-schluessel-zu-ewiger-jugend-gesundheit-und-fitness-1/

Melatonin ist ein körpereigenes Hormon, das in der Zirbeldrüse im Gehirn gebildet wird. Es ist hauptsächlich dafür bekannt, den Schlaf-Wachzyklus zu steuern und einen erholsamen, tiefen Schlaf zu verleihen. Daher wird es beispielsweise bei einem Jetlag oder auch von Schichtarbeitern mit Schlafproblemen eingesetzt.

Die viel weitgehendere Bedeutung von Melatonin konnten die beiden Wissenschaftler in einer Studie an Mäusen nachweisen. Hierzu wurden die Zirbeldrüsen jüngerer Mäuse in die von älteren Mäusen verpflanzt und umgekehrt und anschließend ihre Lebensdauer verglichen. Während die jüngeren Mäuse mit der älteren Zirbeldrüse durchschnittlich 510 Tage alt wurden, verdoppelte sich das Lebensalter der älteren Mäuse im Schnitt auf 1020 Tage. Es war eine Verdoppelung des Lebensalters.

Die Forscher waren sich allerdings nicht sicher, ob dieser lebensverlängernden Effekt auch spezielle dem Melatonin, das in der Zirbeldrüse produziert wird, zuzuschreiben war. Und so wurde ein Gegenversuch gestartet. Eine Gruppe an Mäusen bekam normale Ernährung und die andere Gruppe eine Nahrung, die mit Melatonin angereichert war.

Die Mäuse, die herkömmlich Nahrung bekamen, verstarben im Alter von üblichen 24-25 Monaten. Die Mäuse, denen man zusätzlich Melatonin gegeben hatte, lebten 6 Monate länger, was einer Lebensverlängerung von immerhin 25% entsprach.

Umgerechnet in Menschenjahre wäre dies eine Lebensverlängerung von ca. 20 Jahren. Auch wenn man solche Tierversuche mit Sicherheit nicht direkt auf den Menschen übertragen kann, zeigt es aber dennoch interessante Tendenzen auf.

Hinzu kam, dass die Melatoninmäuse gesund und vital bis zu ihrem Tod waren und sich anfingen zu verjüngen, bis sie in Verhalten und Aussehen jungen Mäusen entsprachen. Gleichzeitig war damit auch der Beweis erbracht, dass Melatonin als Nahrungsergänzung durchaus funktioniert und man keine Zirbeldrüsen dazu transplantieren muss.

Es war eine Sensation und ließ den Schluss zu, dass der Zirbeldrüse bzw. dem Melatonin im Alterungsprozess eine weit bedeutendere Funktion zukommt als bislang angenommen.

Aus Studien[37] ist bekannt, dass die Melatoninproduktion im Lebenszyklus eines Menschen sehr unterschiedlich ist.

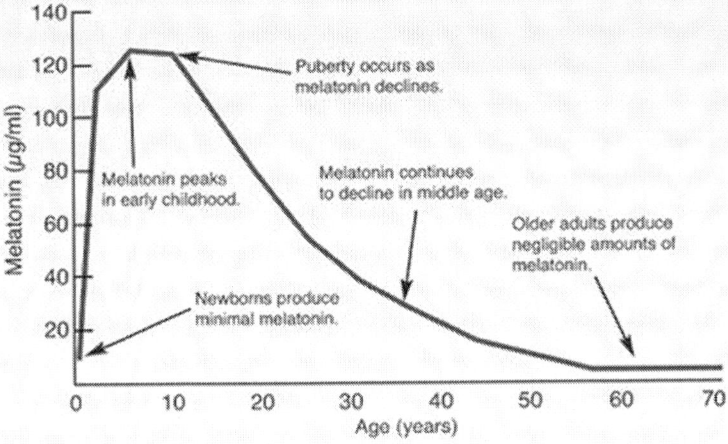

Fig. 2. Age-related decrease in hormone production in humans.

Ungeborene bekommen Melatonin über die Mutter, um ihren Schlaf-Wachrhythmus zu steuern. Anschließend bekommt das Neugeborene über die Muttermilch Melatonin, bis seine Zirbeldrüse die körpereigene Produktion übernimmt. Dann steigt der Melatonin-Spiegel rapide an bis zum 8. Lebensjahr und erreicht die die höchste Konzentration. Im Laufe der Pubertät geht die Melatoninproduktion stark zurück. Mit 40 Jahren wird nur noch halb so viel Melatonin produziert wie in der Kindheit und ab einem Alter von 60 bis

[37] http://warddeanmd.com/articles/neuroendocrine-theory-of-aging-chapter-2/

70 Jahren wird fast gar kein Melatonin mehr produziert. Ab dem 45. Lebensjahr macht sich das Alter meist **optisch deutlich bemerkbar** und wir werden **für viele Erkrankungen anfälliger**. Im Alter geht der Prozess oftmals mit **Schlafstörungen** und **vielen Krankheiten** einher.

Melatonin ist weit mehr als nur ein Schlafhormon. Inzwischen gibt es Studien, die andere dramatische Zusammenhänge bei Melatonin-Mangel aufzeigen. So führt ein Mangel an Melatonin zu starken Depressionen bis hin zum Selbstmord und psychischen Erkrankungen wie Schizophrenie. Zumindest konnte man feststellen, dass Depressive und Schizophrenie-Erkrankte einen signifikanten Melatonin-Mangel aufweisen.

Melatonin gilt zudem als **Anti-Stress-Hormon**[38], da sog. "Stressoren" (stressauslösende Substanzen, wie die in den Nebennieren produzierten Kortikosteroide) kontrolliert und vernichtet werden können.

Durch Melatonin kann die **DNA in den Körperzellen vor Veränderungen durch Viren und durch Karzinogene** (krebsauslösende Vektoren) geschützt und das Immunsystem gestärkt werden. Es ist eines der **wirksamsten Antioxidantien (50fache Stärke von Vitamin C)** und sorgt für die Vernichtung von freien

---

[38] http://warddeanmd.com/articles/neuroendocrine-theory-of-aging-chapter-2/

Radikalen, insbesondere auch solchen, von denen man weiß, dass sie zur Entstehung von Krebs führen.

Wie unterstützt Melatonin den Anti-Aging bzw. Reverse-Aging Effekt?

Aus den Forschungsarbeiten von Pierpaoli und Regelson, die über 30 Jahre intensiv betrieben wurden, ist inzwischen auch vieles über die zahlreichen **Funktionen der Zirbeldrüse,** in der Melatonin produziert wird, bekannt geworden. Diese winzige Drüse in der Mitte des Gehirns organisiert und managt unser gesamtes endokrines Drüsensystem und all unsere wesentlichen Körperfunktionen, wie Blutdruck, Körpertemperatur, Nierenfunktion, Schlaf-Wach-Rhythmus, das Immunsystem, die Fortpflanzung, Herzschlag und auch den Schutz der DNA innerhalb der Zellen. Letztendlich bestimmt sie unseren Lebensrhythmus und unsere Lebensuhr. Sie ist der Dirigent, der **Hauptrhythmusgeber**, der alle anderen Drüsen taktet und aufeinander abstimmt - quasi wie in einem riesigen Orchester.[39]

Melatonin regelt in diesem Spiel nicht nur ein einzelnes Organ, sondern viele wichtigen Organe, indem es andere Hormonspiegel reguliert und bedarfsgerecht anpasst und ggfs. aktiv eingreift. Mit zunehmender Alterung altert auch die Zirbeldrüse und kommt mit der Produktion von Melatonin nicht hinterher. Die Folge ist ein sinkender Melatoninspiegel

---

[39] Buch von Walter Pierpaoli "Melatonin: Schlüssel zu ewiger Jugend, Gesundheit und Fitness"(Autor) https://www.amazon.de/Melatonin-Schl%C3%BCssel-ewiger-Jugend-Gesundheit/dp/3442127106/

und schließlich ein Zusammenbrechen des Immunsystems, was unterschiedliche Krankheiten zur Folge haben kann.

Wenn man nun Melatonin zusätzlich dem Körper von außen zuführt, dann wird nach Aussagen von Pierpaoli und Regelson die **Zirbeldrüse nicht nur gestärkt**, sondern sogar **wieder aufgebaut** und zwar so weit, bis sie wieder selbst ohne äußere Hilfe ihre Steueraufgaben übernimmt und ausreichend Melatonin ausschütten kann so wie in jungen Jahren. D.h. es bedarf nur einer mittelfristigen Zufuhr von Melatonin, um die ordnungsgemäßen Funktion der Zirbeldrüse wieder anzustoßen.

"Das Wunderbare an Melatonin ist, dass es Ihr Leben verlängern und Ihre Gesundheit und Vitalität erhalten kann. ... Zum ersten Mal können wir nicht nur den körperlichen Verfall vermeiden, der mit der Alterung verbunden ist, sondern wir sind in der Lage, den Alterungsprozess hinauszuzögern und sogar umzukehren. Das ist das echte Melatonin-Wunder."

Prof. Regelson und Walter Pierpaoli, 1996

Die beiden Forscher sind sich sicher, dass durch die Einnahme von Melatonin der altersbedingte Zerfall unserer Körperzellen **nicht nur abgebremst, sondern sogar umgekehrt** werden kann. Wer sich umfassender zu dem Thema informieren möchte, findet in dem Buch von Walter

Pierpaoli „Melatonin – Schlüssel zu ewiger Jugend, Gesundheit und Fitness" einen tieferen Einblick.

Wie ist die Dosierung für Melatonin?

"In Deutschland ist Melatonin in der Verwendung als Arzneistoff gemäß der Arzneimittelverschreibungs-verordnung ein verschreibungspflichtiger Stoff, melatoninhaltige Arzneimittel sind unabhängig von der Dosis verschreibungspflichtig... Eine Vermarktung als Nahrungsergänzungsmittel ist nicht erlaubt."[40]

Für unsere europäischen Nachbarländer (beispielsweise Frankreich, Luxemburg, Niederlande) gilt diese Verordnung nicht. Dort ist in den Apotheken Melatonin bislang teils frei erhältlich.[41] Auch online soll es wohl – noch - die Möglichkeit geben, Melatonin im europäischen Ausland problemlos zu beziehen oder zum Arzt seines Vertrauens zu gehen.

Eine Dosierungsempfehlung soll hier nicht erteilt werden. In Foren und Onlineportalen ist von Dosierungen bis zu 5 mg pro Tag zu lesen.

---

40 https://de.wikipedia.org/wiki/Melatonin#L%C3%A4nder_der_Europ%C3%A4ischen_Union

41 https://de.wikipedia.org/wiki/Melatonin#Länder_der_Europäischen_Union

2.7 Colostrum (Kolostrum)

„Kolostrum ist ein hochkonzentrierter Mix aus natürlichen Vitalstoffen, angereichert mit lebenswichtigen Bausteinen. Kolostrum unterstützt das Immunsystem und gibt Mensch und Tier die nötige Kraft für einen guten Start in den Tag."

(Colostrumspezialist und Arzt für Allgemein- und Sportmedizin Dr. med. Nico Prümmer)

Die Geschichte von Colostrum ist über tausende von Jahre alt und es gilt als eines der ältesten Naturprodukte, die der Mensch verwendet hat. Im alten Ägypten galt es als Geschenk des Sonnengottes Ra, das nur den Pharaonen und Hohen Priestern vorbehalten war. Im antiken Griechenland wusste man die Kräfte von Colostrum als Energiequelle für die Athleten zu nutzen und sie damit zu körperlichen Höchstleistungen zu führen. In den Fresken indischer Tempel werden heilige Kühe abgebildet, die Colostrum als Geschenk der Götter abgeben. Und archäologischen Funden in Südamerika ist zu entnehmen, dass auch die Inkas über die Wirkung von Colostrum wussten.

Erste wissenschaftliche Untersuchungen gehen auf Christoph Wilhelm Hufeland im 18. Jahrhundert zurück, den Leibarzt großer Schriftsteller wie Goethe, Schiller und Herder.

Er setzte es als Heilmittel seiner Patienten ein und erkannte seine positiven Wirkweisen.

Was ist Colostrum?

Der älteren Generation ist womöglich "**Vormilch**" noch ein Begriff. Colostrum nichts anderes als die Milch, die in den ersten 24- 72 Stunden nach dem Gebären eines Babys, sei es von Mensch oder einem Säugetier, von der Mutter gegeben wird. Diese Milch wird **Vor-, Erst- oder Immunmilch** bezeichnet und enthält alles, was das neugeborene Lebewesen zum Überleben braucht, um seine Abwehrkräfte optimal vor Viren und Bakterien zu schützen und ihm all die Kraft zu geben, um zu atmen und sich zu bewegen. Es enthält eine geballte Ladung an Nähr- und Vitalstoffen, über 80 Mikronährstoffe sowie Immun- und Wachstumsfaktoren, um die Entwicklung des Hirns und Nervensystems zu gewährleisten.[42] Es ist eine Rückversicherung von Mutter Natur, um das Neugeborene in seiner ersten Phase des Lebens optimal zu schützen.

Da die DNA-Sequenzen der verschiedenen Colostrumbestandteile bei Mensch und Kuh bzw. Ziege zu 99% identisch sind, wird üblicherweise das Colostrum von Kühen oder Ziegen verwendet. Kühe geben etwa 34 Liter Vormilch, von denen das Kalb 19 Liter beansprucht. Der Rest geht an die Nahrungsergänzungsmittelproduktion, wird schonend

[42] http://www.colostrum-kolostrum.com/wirkstoffe-und-wirkung.html

gekühlt, getrocknet und zu Kapseln und Tabletten verarbeitet. Aber auch in flüssiger Form ist Kolostrum erhältlich.

Gemäß wissenschaftlicher Untersuchungen ist das Colostrum von Rindern und Ziegen nicht nur für den Menschen bekömmlich, sondern sogar **40 Mal reicher an Immunfaktoren**. Die Förderung der Zellteilung bei Rinderkolostrum soll sogar 100-mal größer sein als beim menschlichen Kolostrum.[43] Beim Vergleich zwischen Kolostrum von Kuh oder von Ziege schnitt Ziegenkolostrum (auch **Biestmilch** genannt) sogar noch besser ab und hatte durchweg eine höhere Wertigkeit.[44]

Wie unterstützt Kolostrum den Alterungsprozess?

Kolostrum hat sichtbare und nicht sichtbare Vorteile für den gesamten Organismus. Äußerlich erkennt man es durch **Verschwinden von Falten und Altersflecken** und eine zunehmend jugendliche Haut. Der in Kolostrum enthaltene Epithel-Wachstumsfaktor stimuliert die Hautzellen, sodass die Haut in kürzester Zeit glatter und geschmeidiger wird und Falten verschwinden.

Innerlich wird die **Knochendichte erhöht**, **Muskelmasse**, die im Alter zurückgegangen ist, bildet sich wieder und der **Körperfettanteil nimmt ab**. Daher

---

[43] Studie Ballard 1981
[44] http://www.colostrum-kolostrum.com/welches-colostrum.html

verwenden auch **Kraftsportler** gern Kolostrum, da es sich positiv auf Muskelaufbau, Regeneration von Muskeln und Kraftsteigerung auswirkt. Die enthaltenen Wachstumsfaktoren haben ebenfalls einen positiven Effekt auf Bänder, Sehnen, Knochen, Knorpel, Hautkollagen und Nervengewebe.

Es unterstützt die **Fettverbrennung** und schützt das Muskelgewebe bei Diäten. Es hilft zum **schnelleren Heilen** bei Verbrennungen, Operationswunden und Schnittverletzungen. Es **reguliert den Blutzuckerspiegel** und steigert das **allgemeine Wohlbefinden**. Es stärkt das **Immunsystem** und schützt gegen **Autoimmun-Erkrankungen** wie Asthma, Multiple Sklerose, Arthritis, Allergien sowie Krebs und Diabetes mellitus.

Kolostrum schützt vor 2 der 4 primären Faktoren des Alterns:

- Es schützt vor **Telomer-Verkürzung**.
- Es schützt vor **DNA-Mutationen über Antioxidantien**

Kolostrum verfügt über das **Enzym Telomerase**, das die Verkürzung der Chromosomenstränge bei der Zellteilung verhindert. Dadurch werden Heilungsprozesse beschädigter Zellen gefördert. Zudem ist es in der Lage, über sog. Transformations-Wachstumsfaktoren das Erbgut, die **DNS und RNS, zu reparieren** und die Regeneration des Gewebes zu beschleunigen. Gleichzeitig werden durch seine antioxidativen Eigenschaften die Zellen vor Degeneration geschützt.[45]

Gibt es Risiken oder Nebenwirkungen?

Kolostrum ist eine wertvolle natürliche Substanz, die von namhaften Ärzten, Wissenschaftlern und Organisationen umfassend untersucht worden ist. Bislang sind keinerlei Kontraindikationen und Überdosierungen bekannt und kann daher bedenkenlos oral aufgenommen werden.[46]

Die Einnahmeempfehlung zur Stabilisation des Immunsystems schwankt zwischen 800 mg und 1600 mg täglich. Bei manifesten Erkrankungen kann die Dosierung je nach Körpergewicht bis zu 2400 mg/Tag betragen.[47]

---

[45] Reverse Aging Leitfaden, http://bit.ly/reverse-aging-leitfaden

[46] Preston, R. 1987, International Institute of Nutritional Research

[47] Collostrum und Diabetes Mellitus: https://www.dr-pruemmer.de/newsletter/newsletter_cfc.pdf

2.8 Omega-3-Fettsäuren

„Es gibt keinen wichtigeren Nährstoff für den Schutz vor Herzkrankheiten – und keinen, der in unserem Speiseplan öfter fehlt als Omega-3."

(Dr. William Harris, USA)

Wenn Du regelmäßig 2 bis 3 Mal pro Woche Fisch isst oder bereits Omega-3-Fettsäuren als Nahrungsergänzung nimmst, dann kannst Du direkt zum nächsten Kapitel gehen. Von Omega-3-Fettsäuren hast Du mit Sicherheit schon gehört und es dürfte nichts Neues sein. Doch auch wenn es ein alter Hut ist, wird es bislang von den wenigsten beherzigt.

Ob es um Herzerkrankungen, Arthritis und chronische Gelenkarthrose, Osteoporose, Arterienverkalkungen, Arteriosklerose, Entzündungen, Herzverfettung, Hyperreagibilität der Bronchien und Asthma, Psoriasis, überhöhte Cholesterin- und Blutfettwerte, entzündliche Darmerkrankungen, Bluthochdruck, Tinnitus[48], regelmäßige Kopfschmerzen und Migräne[49] , Depressionen[50] , ADHS, Nieren- und diverse Krebserkrankungen etc. geht, ein Großteil

---

[48] Tinnitus Studie: House J. W. et al.: Patient Care, 1991; April 15, S. 82–96

[49] Studie Kopfschmerzen und Migräne - Omega-3-Fettsäuren Studie: McCarren T. et al.: Am J Clin Nutr, 1985; 41, S. 874a

[50] Depressionen: Freeman M. P. et al.: Omega-3 fatty acids: evidence basis for treatment and future research in psychiatry, J Clin Psy- chiatry, 2006; 1954–1967

dieser Erkrankungen ließe sich durch die regelmäßige Einnahme von Omega-3-Fettsäuren oder 2 bis 3 Fischmahlzeiten pro Woche vermeiden. Selbst die Sehkraft und Degeneration der Netzhaut könne man mit Omega-3-Fettsäuren bzw. mindestens einer Fischmahlzeit pro Woche erhalten.[51] Bereits 3 g Fischöl täglich wirken sich laut einer US-Studie positiv auf eine rheumatische Arthritis aus.[52]

Wer etwas gegen vorzeitige Alterung unternehmen will, sollte sich näher mit Omega-3-Fettsäuren beschäftigen und diese in seinen Speiseplan integrieren. Zum Glück sind auch Nahrungsergänzungen nicht sehr teuer. Bereits ab 20 Euro bekommt man einen Jahresvorrat beispielsweise bei Amazon.

Was sind Omega-3-Fettsäuren?

Fett ist ein wichtiger und für viele Körperfunktionen essentieller Makronährstoff, der zudem Energie liefert. Fett ist ein Bestandteil der Zellen und seine Fettsäuren sind Baustoffe für Hormone, die eine ausschlaggebende Rolle für die Verwertung fettlöslicher Vitamine wie A, D, E und K spielen.

Einige Fettsäuren kann der Körper nicht selber herstellen. Er ist also darauf angewiesen, dass wir diese ihm von außen zuführen. Hierzu zählen die **mehrfach ungesättigten Fettsäuren Omega 3 und Omega 6.** Unser Körper ist nicht in der Lage, diese ausreichend zu bilden.

---

[51] Werkman S. et al.: Lipids, 1996; 31 (1), S. 91–97
[52] Kremer J. M., AAm J Clin Nutr. 2000, 71(1 Suppl) S. 349–351

Idealerweise sollte das Verhältnis von **Omega-6 zu Omega-3 zwischen 1:1 und 5:1** liegen.[53]

Omega 3 lässt sich in erster Linie durch den Verzehr von Fisch abdecken. Omega-6-Fettsäuren steckt dagegen in Nüssen und Kernen, Fleisch, Eiern, Milch- und Getreideprodukten und in den meisten pflanzlichen Ölen.

In den Industrienationen bietet die alltägliche Ernährung bereits genügend Omega 6. Da ein Großteil der Bevölkerung aber nicht viel Fisch isst, beträgt das durchschnittliche Verhältnis eher 20:1. D.h. es gibt einen großen **Überschuss an Omega-6**. Um einem Ungleichgewicht vorzubeugen, ist es wichtig, Omega-3-Fettsäuren zusätzlich zu ergänzen, da dieses Ungleichgewicht der Fettsäuren eine Vielzahl an Krankheiten zur Folge haben kann.[54]

Haben Omega-3-Fettsäuren eine lebensverlängernde Wirkung?

Omega-3-Fettsäuren schützen vor zwei wichtigen Faktoren des Alterns:

1. Sie haben eine **Schutzwirkung auf die Telomere** und wirken daher lebensverlängernd.

[53] http://umm.edu/health/medical/altmed/supplement/omega3-fatty-acids
[54] http://ndb.nal.usda.gov/ndb/foods/show/3931?fgcd=&manu=&lfacet=&format=&count=&max=35&offset=280&sort=&qlookup=beef

2. Sie schützen unsere Erbsubstanz vor **DNA-Mutationen über Antioxidantien,** indem sie den oxidativen Stress reduzieren.

Darüber hinaus schützen sie vor Krankheiten wie:

- Makula-Degeneration: Die trockene **Makula-Degeneration** ist eine als bislang unheilbar geltende Augenkrankheit. Mit Omega-3-Fettsäuren lässt sich dieser im Alter auftretenden Krankheit vorbeugen. Wissenschaftler aus den USA und Griechenland konnten sogar zeigen, dass der Erblindungsprozess mit trockener Makula nicht nur gestoppt werden konnte, sondern sich die Sehfähigkeit sogar wieder verbessern kann.
- **Entzündungen**, wie Arthritis, Colitis ulcerosa, Parodontitis; ebenso Diabetes, Arteriosklerose, Tinnitus, Bluthochdruck, Multiple Sklerose
- **Herzkrankheiten:** Studien konnten eine Senkung des Herzinfarkt-Risikos um 30 bis 50 Prozent belegen.
- **Demenz**: Omega-3-Fettsäuren haben eine vorbeugende Wirkung für den Verlust der geistigen Fähigkeiten.

Wo findet man gute Omega-3-Quellen?

Omega-3-Fettsäuren sind z. B. enthalten in grünem Blattgemüse, Chiasamen, Kräuter und Wildpflanzen, Kohlgemüse, Hülsenfrüchte, in Walnüssen und Mandeln, in Leinsaat, Leinöl, Hanföl und in manchen Fischarten. In sehr hoher Qualität und Quantität sind sie im **antarktischen Krill** zu finden und liefern mit einem Verhältnis von **15:1** (Omega-3 : Omega-6) die fünfzehnfache Menge an Omega-3-Fettsäuren.

Es gibt **verschiedene Omega-3-Fettsäuren**. Sie werden mit **ALA, EPA** und **DHA** bezeichnet. Während EPA und DHA eine wichtige Wirkung für den Menschen haben, gilt nur **ALA als essenziell.** Denn der menschliche Körper kann EPA und DHA aus ALA synthetisieren. Auch wenn Leinöl als Omega-3-Quelle oft beworben wird, sollte man bedenken, dass Leinöl zwar ALA enthält. Aber die Effizienz der Umwandlung in EPA liegt nur bei 5%, und die Umwandlung in DHA bei 0,5%. Man müsste also sehr viel Leinöl nehmen, um seinen Bedarf zu decken. Dies erhöht aber unnötig die tägliche Kalorienzufuhr. Insofern sind Pflanzenöle als einzige Quelle für Omega-3 nur bedingt geeignet.[55]

---

[55] https://www.urgeschmack.de/pflanzenol-omega-3-quelle/

2.9 Ginkgo Biloba

"Ginkgo ist ein Lebenselixier, das die Zerstörung des Körpers aufhalten und zweitausend Sommer währendes Leben ermöglicht."

(aus der hinduistischen Heilkunde)

Auch Ginkgo ist nichts Neues. Um genauer zu sein, ist Ginkgo Biloba uralt. Es handelt sich um die wahrscheinlich älteste Baumart unseres Planeten, die es seit rund 150 bis 200 Millionen Jahren gibt. Ginkgo Biloba ist der letzte Überlebende der Pflanzenfamilie der Ginkgoaceen und weder Nadel- noch Laubbaum. Von seiner Art her steht er dazwischen und ist für die Botaniker bis heute ein Phänomen.

Nicht selten werden diese Bäume bis zu 4000 Jahre alt und sind bekannt für ihre Widerstandsfähigkeit. Diese Überlebenskünstler trotzen Kälte, Hitze, Umweltbelastungen, Strahlen, Bakterien, Viren, Pilzen und allen möglichen Erkrankungen. Ginkgo Biloba hat nicht nur die Dinosaurier überlebt, sondern auch Verschiebungen der Kontinente. In Japan ist es der "Baum der Hoffnung" und Sinnbild für Hoffnung, da er sogar die Hiroshima-Bombe überlebte. Während andere Bäume in dem betroffenen Gebiet ihren Tod fanden, überlebte dieser Baum in einigen hundert Metern Entfernung zum Einschlagort der Bombe. Er war zwar verkohlt, brachte aber im darauffolgenden Frühling neue Triebe samt Blüten hervor.

Quelle: Von THOR - originally posted to Flickr as Ginkgo Leaf, CC BY 2.0 https://commons.wikimedia.org/w/index.php?curid=804753

Wie unterstützt Ginkgo den Alterungsprozess?

Die Urkraft dieses Baumes fasziniert die Menschen bis heute und es wundert nicht, dass er über einen riesigen Pool an Heilkraft verfügt. Seine vielfältige Wirkungsweise ist enorm und wird in unserer heutigen Zeit durch Studien aller Art immer mehr belegt.

Ginkgo schützt vor den wichtigen Faktoren des Alterns: Er wirkt schützend **auf die Telomere** und schützt vor **DNA-Mutationen über Antioxidantien.**

Seine Wirkung basiert hauptsächlich auf drei Wirkstoffgruppen:

1. den Flavonoiden,
2. den Bilobaliden und
3. den Ginkgoliden.

Flavonoide gehören zur Gruppe der sekundären Pflanzenstoffe und dienen dem **Schutz von Zellmembranen** und damit der **Gesundheit jeder einzelnen Körperzelle**.

Die Bilobalide und Ginkgolide sind miteinander verwandt. Sie gehören zur Gruppe der Terpene und sind vor allem in den Blättern enthalten. Diese Wirkstoffe können **Zellen vor dem Zelltod bewahren** und neue **Zellen zum Wachstum anregen**. Ebenso verbessern sie die Durchblutung im Körper. Möglicherweise sind sie die Schlüsselsubstanzen bei der

Behandlung von degenerativen Gehirnerkrankungen wie Alzheimer und Demenz. Darüber hinaus verfügt Ginkgo über Wirksubstanzen, sogenannte “Ginkgolide”, die in sonst keiner anderen Pflanze oder Substanz vorkommen.

In einer Studie französischer Wissenschaftler mit Probanden im Alter zwischen 83 und 87 Jahren wurden ihre Hirnströme gemessen. Bereits nach einer 3-wöchigen Einnahme von Ginkgo konnte man deutliche Verbesserungen sehen. Nach 6 Wochen entsprach ihr EEG den Messungen bei leistungsfähigen gesunden Personen.[56]

Ginkgo unterstützt die Durchblutung und sorgt daher für einen **besseren Blutfluss**. Auf diese Weise wirkt es zahlreichen Krankheiten entgegen, die direkt oder indirekt Folge von Durchblutungsstörungen sind, was u.a. den verjüngenden Effekt erklärt. Dies betrifft das **Gehirn** genauso wie das **Herz, Mittel- und Innenohr** und letztendlich den **gesamten Stoffwechsel**. Es wirkt auf diese Weise Thrombosen, Arteriosklerose, Infarkten, Embolien, Asthma, Schlaganfall, Demenz, altersbedingten Potenzstörungen, Hörschwächen, Ödemen, Funktionsstörungen aller Organe und Gewebeformen entgegen und **senkt den Bluthochdruck**. Auch die Durchblutung der Netzhaut wird erhöht. Dadurch wirkt es gegen **Makula-Degeneration** und kann sogar die Netzhaut wieder regenerieren. Als

[56] Peter Köhler, „Die Heilkraft des Ginkgo - natürlich gesund von Kopf bis Fuß“ 1998, S.98

Antioxidans verhindert es, das sich das LDL-Cholesterin an den Blutgefäßwänden ablagert.

WIE IST GINKGO ZU DOSIEREN?

Quelle : Wikipedia, https://de.wikipedia.org/wiki/Ginkgo#/media/File:Ginkgo_biloba_-_fruit.JPG, Samen des Ginkgo mit Sarkotesta, Author Genet

Ginkgo kann als Samen (Ginkgonüsse) oder als Extrakt, der aus den Blättern gewonnen wird, genutzt werden. Üblicherweise wird Ginkgo in Form von Tabletten, Kapseln, Dragees, Säften und Ginkgo-Tropfen angeboten. Die Dosierung beträgt **120 mg bis 160 mg** täglich, verteilt auf zwei bis drei Gaben. Bei Demenzerkrankungen und akuten Durchblutungsstörungen empfiehlt sich, die Tagesdosis auf bis zu 240 mg zu erhöhen. Damit sich eine positive Wirkung einstellt, sollte die Anwendung mindestens 6 Wochen dauern. In Form von Samen sollte eine Dosis von 20-30 Ginkgonüssen nicht überschritten werden. Extrakte aus Blättern gelten als risikoarm.[57]

[57] Dr. Jörg Zittlau, „Heilmittel Ginkgo – alles über die positive Wirkung auf Körper, Geist und Seele" 2006, S. 28
Reverse Aging Leitfaden, Dosierung Ginkgo, S. 1091 http://bit.ly/reverse-aging-leitfaden

2.10 Coenzym Q10

Q10 ist für das menschliche Leben einfach eine Voraussetzung - ohne Q10 kein Leben"

Prof. Folkers von der Universität Texas

Noch ein weiterer "alter Bekannter" soll hier genannt werden: Coenzym Q10, das als Anti-Aging Mittel in **Antifaltencremes** seit Jahren bekannt ist, um die Hautzellen zu verjüngen und Falten zu glätten. In der Haut vermag Q10 die Zellerneuerung zu stimulieren, das Bindegewebe zu stärken und freie Radikale zu entschärfen, die die Haut grau und faltig erscheinen lassen.

Doch was auf die Haut zutrifft, gilt, wie die Fachwelt inzwischen einheitlich bestätigt, für **sämtliche Körperzellen**. Alle rund 70 bis 100 Billionen Körperzellen profitieren von Coenzym Q10, sodass die Wirkung von Q10 nicht nur auf die Haut beschränkt ist.

Co-Enzym Q10, oder auch "**Ubichinon-10**" genannt (ubichinon = allgegenwärtig), ist eine vitaminähnliche körpereigene Substanz, die ihren Sitz in den Mitochondrien, den Kraftwerken der Zellen hat. Sie ist maßgeblich an allen Prozessen der Energieversorgung beteiligt und gewährleistet die Funktionsfähigkeit der Zellen, d.h. sie **sichert die Energiegewinnung und Sauerstoffversorgung**

sämtlicher Körperzellen. Ohne Q10 kann keine einzige Zelle im Körper ihre Arbeit verrichten.[58] Q10 sorgt für nicht weniger als 95% unserer gesamten Körperenergie. Für jeden einzelnen Herzschlag muss Q10 die nötige Energie bereitstellen. So ist es nicht verwunderlich, dass die Organe mit dem höchsten Energiebedarf, wie das Herz, aber auch Lunge und Leber die höchsten Q-10-Konzentrationen aufweisen.[59]

Darüber hinaus aktiviert Q10 das Immunsystem, stärkt die Nerven und spielt ebenso bei der Fettverbrennung eine wichtige Rolle, da Q10 auf natürlichem Wege Übergewicht bekämpft. Q10 ist somit aufgrund seiner antioxidativen Wirkung und der Abwehr freier Radikale ein wichtiger Bestandteil für die Gesundheit all unserer Zellen. Q10 gibt dem Herzen seine natürliche Vitalität zurück und ist bei altersbedingten Erkrankungen wie **Herzkrankheiten, Bluthochdruck** und **Krebs** herkömmlichen Therapien weit überlegen, allein aufgrund der reduzierten Nebenwirkungen und der nachweislich besseren Erfolge.[60]

Mit zunehmendem Alter nimmt der Q10-Gewebespiegel im Körper ab, was zu Funktionseinbußen, Erkrankungen und

---

[58] Dr. E. G. Bliznakov, “Herzwunder Q10”, S. 19 - 1993
[59] Y. Shindo, E. Witt, D. Han, W. Epstein, L. Packer: Enzymic and non-enzymic antioxidants in epidermis and dermis of human skin. In: Invest. Dermatol. 102, 1994, S. 122–124.

[60] Dr. med. E. G. Bliznakov , Q10-Forscher und Präsident und Wissenschaftsdirektor des Lupus Forschungsinstitutes Connecticut (USA)

typischen Alterungssymptomen führt, wie eine schwedische Forschungsgruppe um Dr. A. Kalén nachweisen konnte.[61] Es gibt also einen unmittelbaren Zusammenhang zwischen einem Q10 Mangel im Körper und einer Reihe pathologischer Zustände.[62]

Dr. med. Emile G. Bliznakow, Q10-Forscher und Präsident und Wissenschaftsdirektor des Lupus Forschungsinstitutes Connecticut (USA) behauptet, dass "*ab einem Q10-Defizit von 75% unser Leben in Gefahr ist. ... Ohne Q10 gibt es keine Energie. Berauben Sie die Mitochondrien des Q10, ist die Zelle so potent wie ein 4-Zylinder ohne Zündkerzen. Die Maschine ist tot und springt nicht an.*"[63]

Wie unterstützt Q10 den Alterungsprozess?

Im Gegensatz zu den vorgestellten Natursubstanzen zum Reverse Aging schützt Q10 nicht vor Telomer-Verkürzungen, aber es bietet einen hervorragenden **Schutz vor DNA-Mutationen** über Antioxidantien und erfüllt somit einen der primären Faktoren im Alterungsprozess.

Besonders erwähnenswert ist sein **Energieschub**, von dem alle Körperzellen profitieren und damit vor Alterung und

[61] Das Q10-Buch: http://www.webmed.ch/PDF/PDF_Q10_Buch.pdf
[62] Krankheitsbilder in Abhängigkeit vom Q10 Spiegel https://www.lolafe.de/media/Q10-Flyer-NE.pdf
[63] http://www.webmed.ch/Q10-Buch-Neu/qq24_Enfaltung%20Funktionen.htm
Bliznakov EG; Hunt GL: Die Entdeckung: Energie-Vitamin Q10. Lebensbaum-Verlag, Bielefeld

Erkrankungen schützen, wie insbesondere Herzkreislauferkrankungen.

Eine besondere Rolle kommt auch seiner Wirkung auf unsere Hautzellen zu. Q10 **schützt und verjüngt unsere Haut**, das größte Organ unseres Körpers. Bei schädigenden Einwirkungen durch UV-Strahlen, Ozon und andere schädigenden Einflüssen wird Q10 als erste Substanz in der Haut zerstört und hat laut Prof. M. Podda von der Universität Frankfurt höchste Schutzfunktion in der Haut.[64]

Wo findet man gute Coenzym Q10 Quellen und wie ist die Dosierung?

Der Körper nimmt Q10 teils über die Nahrung auf, über Fleisch, Fisch, Eier, Nüsse, Mandeln, Grünes Gemüse und ölhaltige Pflanzen. Oder er produziert Q10 selbst. Die Aufnahme über herkömmliche Lebensmittel gestaltet sich zunehmend schwieriger aufgrund ausgelaugter Böden, Pestizide etc.

Für die Gesunderhaltung wird eine Menge von **100mg Q10 täglich** empfohlen, bei **Erkrankungen** können auch Dosen vo**n 300mg Q10 und mehr** sinnvoll sein. Hierfür müsste man allerdings täglich 1,6 kg Sardinen essen. Da die

[64] "Q10 als Schutzfunktion der Haut": Prof. M. Podda, Johann-Wolfgang-Goethe-Universität, Frankfurt/Main und Prof.L.Packer, Universität von Californien, Berkeley, USA, stellten auf dem 9. Internationalen Q10-Symposium in Ancona (1996)

körpereigene Produktion bereits ab dem 20ten Lebensjahr abnimmt, braucht der Körper verstärkt Q10 von außen.

Daher empfiehlt es sich, seinen Q10 Bedarf über Nahrungsergänzungsmittel zu decken, zumal sie auch nicht sonderlich teuer sind. Vor nicht allzu langer Zeit kostete Q10 noch ein kleines Vermögen. Zum Glück ist es heute für jeden erschwinglich. Für ca. 20 Euro kann man seinen 4-Monatsbedarf decken.

3. Hormonproduktion optimieren

Du hast nun mehrere Natursubstanzen kennengelernt, um dich gegen die vier primären Faktoren im Alterungsprozess zu wappnen. Das sind Faktoren, um die Du dich in erster Linie kümmern solltest.

Prinzipiell schließen diese primären Faktoren die sekundären mit ein. Hierzu gehört beispielsweise das Nachlassen der Hormonproduktion mit zunehmendem Alter, Entzündungen und oxidativer Stress, Nachlassen der Arbeit der Mitochondrien und Mutationen der Mitochondrien-DNA.

Wenn Du dein eigenes Anti-Aging bzw. Reverse-Aging-Programm **noch effizienter** gestalten willst, dann kannst Du auch einige der wichtigsten sekundären Faktoren ganz gezielt im Zaum halten.

Einer davon betrifft das **Nachlassen der Produktion der Hormondrüsen** im Laufe seines Lebens. Viele denken bei Hormonen an die Geschlechtshormone Testosteron und Östrogen. Dabei gibt es fast 50 unterschiedliche Hormone, die von den Drüsen abgegeben werden, um sämtliche lebenswichtigen Vorgänge im Körper zu steuern.

Die wichtigsten Natursubstanzen, die die Hormondrüsen beleben und optimieren, hast Du bereits kennengelernt. Hierzu zählen Acetyl-L-Carnitin, Kolloidales Gold, Kolostrum, Melatonin und Omega-3-Fettsäuren. Wenn Du bereits eine oder mehrere dieser Natursubstanzen verwendest, dann hast Du bereits einiges für die Optimierung deiner Hormondrüsen getan.

Zusätzlich gibt es noch die Möglichkeit, den Körper hormonell zu unterstützen.

Als das sogenannte "**Jungbrunnen-Hormon**" hat man nun das in den Nebennieren produzierte **DHEA** (Dehydroepiandrosteron) ausgemacht. Es ist die Vorstufe der männlichen und weiblichen Sexualhormone und schützt und bewahrt den Körper, seine Energie zu verschleudern und wirkt wie eine Energiebremse und Rückgewinnung der Kräfte. Auf diese Weise sorgt es für die Lebensverlängerung der einzelnen Zellen.

Ab dem 30ten Lebensjahr sinkt die DHEA-Produktion kontinuierlich und ist mit 45 Jahren bei 2/3 des Niveaus eines 30-jährigen Menschen. Während man lange Zeit glaubte, das Nachlassen der Hormonproduktion sei eine Folge des Alterns, ist man inzwischen zu der Überzeugung gelangt, dass ein sinkender Hormonspiegel am Alterungsprozess aktiv beteiligt ist.

Bereits seit den 80ern gilt DHEA als **Anti-Aging-Hormon** und wurde in den Medien als Wundermittel gegen Alterserscheinungen beworben.[65] Auch wenn man bei der Bewerbung sogenannter Wundermittel immer vorsichtig sein sollte, gibt es inzwischen über 4000 wissenschaftliche Studien und Forschungsarbeiten, darunter die von durchaus renommierter Forscher, die DHEA signifikante Wirkungen sowohl zur Vorbeugung, Therapie bis hin zur Lebensverlängerung attestieren.[66]

Wirkt DHEA lebensverlängernd?

Neben der Vielzahl an Erkrankungen, bei denen DHEA einen positiven Einfluss hat, wie Krebs, Alzheimer, Parkinson, Beschwerden der Wechseljahre, Diabetes, Schlaganfall, Osteoporose, MS, Arteriosklerose, Herzkreislauferkrankungen, geschwächtes Immunsystem, nachlassendes Gedächtnis, nachlassende Hautspannung, Übergewicht[67] konnte in Tierstudien die lebensverlängernde Wirkung von DHEA gezeigt werden. Die mit DHEA gefütterten Tiere wurden nicht nur um 50% älter als ihre Artgenossen, sie sahen auch wesentlich jünger aus. Bei

---

[65] https://www.deutsche-apotheker-zeitung.de/daz-az/2002/daz-8-2002/uid-5535

[66] Dr. Arthur Schwartz von der Temple University, Philadelphia, USA: “DHEA verlängert das Leben und bringt zusätzliche Lebensqualität für die gewonnenen Jahre”
Dr. Julian Whitaker, Herausgeber von “Health and Healing”: “... DHEA kann einen so breiten Bereich von Störungen abdecken ...”#Dr. Wiebke Arlt, Universitätsklinik Würzburg: “... Erste Hinweise sprechen sogar dafür, dass DHEA das Krebswachtum hemm kann und die Knochenalterung hemmt.”

[67] https://www.medicalnewstoday.com/articles/308684.php

Menschen konnte der Zusammenhang zwischen der Einnahme von DHEA und dem Rückgang an Herzkreislauferkrankungen bewiesen werden.[68] In weiteren Studien konnte der Beweis erbracht werden, dass es die kognitiven Fähigkeiten erhöht, die Hautbeschaffenheit verbessert und die Vitalität um über 80% steigert.

Wie ist DHEA zu dosieren?

Trotz der vielfältigen positiven Eigenschaften wird von der Einnahme von DHEA als Anti-Aging-Medikament speziell in Deutschland abgeraten.[69] Angeblich konnten die Vorzüge von DHEA bislang noch nicht nachgewiesen werden. Zudem ist es in Deutschland verschreibungspflichtig, da Hormone allgemein verschreibungspflichtig sind. Besonders der Online-Handel wird streng kontrolliert. Wer DHEA im Ausland über einen Onlineshop einkauft, speziell aus den USA und nach Deutschland importiert, macht sich strafbar. Wenn der Zoll beispielsweise 100mg Kapseln abfängt, kann es sein, dass ein nettes Schreiben der Staatsanwaltschaft im Briefkasten landet, anstatt dieses wertvollen Anti-Aging-Hormons.

In den USA bekommt man es in jedem Supermarkt. Auch in Großbritannien und in der Schweiz werden DHEA-Präparate als rezeptfreie Nahrungsergänzungsmittel eingestuft und können jederzeit und relativ preiswert gekauft werden.

---

[68] https://www.ncbi.nlm.nih.gov/pmc/articles/PMC18228/
[69] https://www.mayoclinic.org/drugs-supplements-dhea/art-20364199

Als Dosierung wird oftmals empfohlen, auf keinen Fall mehr als 25 mg pro Tag zu nehmen. In Großbritannien werden aber beispielsweise bei Ebay DHEA-Präparate mit wesentlich höherer Dosierung (100 mg) angeboten. Es liegt also in der Verantwortung von jedem selbst, wie er mit diesem Thema umgeht.

4. Schutz vor freien Radikalen und Entzündungen

Im Alterungsprozess spielen freie Radikale eine wichtige Rolle. Man versteht hierunter schädliche Sauerstoffverbindungen, die in hohen Konzentrationen die Körperzellen, Zellmembranen bis hin zur DNS attackieren.

Solche freien Radikale sind nahezu unvermeidlich. Allein 3% unserer Atemluft, aber auch UV-Strahlen bzw. Sonnenstrahlen und unsere Nahrung erzeugen tagtäglich schädliche freie Radikale.

Um die biologische Alterung hinauszuzögern und um Erkrankungen vorzubeugen, ist es daher oberste Prämisse, ein **Gleichgewicht herzustellen zwischen den freien Radikalen und den schützenden Antioxidantien** und weitgehend die Entstehung von freien Radikalen zu vermeiden, sei es durch eine gesunde Ernährung ohne Konsum von Alkohol, Verzicht von Genussmitteln und Nikotin oder Vermeidung von künstlichen Sonneneinstrahlungen (Solarium). Aber auch viele Antioxidantien in Form von Nahrungsergänzungen und Natursubstanzen stehen zum Schutz unserer Zellen zur Verfügung.

Da sich die Telomere im Laufe des Lebens immer mehr verkürzen, kommt es im menschlichen Körper zunehmend zu

Entzündungen. Aus diesen Entzündungen können später Krankheiten entstehen. Die gleichen Natursubstanzen wie zum Schutz der Telomere sind auch zum Schutz vor gefräßigen freien **Radikalen** und **DNA-Mutationen** geeignet. Gleichzeitig sind sie wirkungsvoll gegen sekundäre Faktoren wie zur **Bekämpfung von Entzündungen**.

Hierzu gehören alle bereits genannten Natursubstanzen, nämlich

- Astragalus Membranaceus
- L-Carnosin
- Resveratrol
- Kolloidales Gold
- Melatonin
- Kolostrum
- Omega-3-Fettsäuren
- Ginkgo Biloba
- Coenzym Q10

Wenn Du mit einer oder zwei dieser Substanzen beginnst, um dein Reverse Aging in die Wege zu leiten, bist Du auf jeden Fall auf der sicheren Seite.

Darüber hinaus gibt es jede Menge weiterer Antioxidantien, von denen Du mit Sicherheit schon viel gehört oder gelesen hast und die bereits seit einigen Jahren als “Superfood” zur Gesundheitsvorsorge bekannt sind.

Auch wenn es “nichts Neues” ist, sind diese Substanzen vollgepackt mit Antioxidantien und nach wie vor zu empfehlen, um das Immunsystem zu unterstützen. Sie sollten immer Teil einer gesunden Ernährung sein, wie beispielsweise Grüner Tee und Vitamin C in Form von gesundem Obst, Beeren und Gemüse (Aroniabeeren, Ananas, Granatapfel, Papaya).

Zu den **besten Antioxidantien** zählen die folgenden Natursubstanzen:

- **Aroniabeeren** (Vitamine, Mineralien, kraftvolle Antioxidantien in hoher Menge)
- **Bromelain** (ein Power-Enzym-Gemisch aus der Ananas. Die Enzyme werden aus der Frucht und aus der Pflanze selbst gewonnen. Entdeckt wurde Bromelain bereits im Jahr 1957. Es ist an vielen Stoffwechselprozessen beteiligt und fungiert als Bio-Katalysator, die in jeder Körperzelle ihre Aufgabe übernehmen.)
- **Curcumin** (Gewürz; krebshemmend, antioxidativ, entzündungshemmend)

- **DMAE** (Dimethylaminoehtanol; Substanz, die hauptsächlich im Gehirn vorkommt; zählt zu den Nootropika und kann die Hirnleistung verbessern)
- **Germanium, organisch** (Halbmetall mit heilenden Eigenschaften, Anti-Tumorwirkung; in D verboten) [70]
- **Gotu Kola** (Pflanze, die im Ayurveda als wichtigstes Heilmittel gilt)
- **Granatapfel** (Powerfrucht)
- **Grüner Tee**
- **Hericium** (Heilpilz, auch unter Igelstachelbart bekannt)
- **Kombucha** (Teepilz)
- **Maitake** (Heilpilz, auch unter Klapperschwamm bekannt)
- **Papain** (ein proteolytisches Enzym aus der Papaya)
- **Polyporus** (ein Vitalpilz bzw. Heilpilz, auch als Eichhase bekannt)
- **Propolis** (von Honigbienen gesammeltes Pflanzenharz)
- **Reishi** ("Pilz des ewigen Lebens", Heilpilz mit Superkräften)[71]

---

[70] Organisches Germanium: https://www.zentrum-der-gesundheit.de/organisches-germanium-ia.html
[71] https://www.zentrum-der-gesundheit.de/reishi-pilz-ia.html

- **Silizium, organisch** (unverzichtbares Spurenelement; sichert Nährstoffversorgung jeder einzelnen Körperzelle und die Entsorgung der Zellgifte)
- **Spirulina / Chlorella / AFA-Algen** (Mikroalgen; Superfood mit hoher antioxidativer Wirkung)
- **Vitamin C**

5. Neue Energie für die Mitochondrien

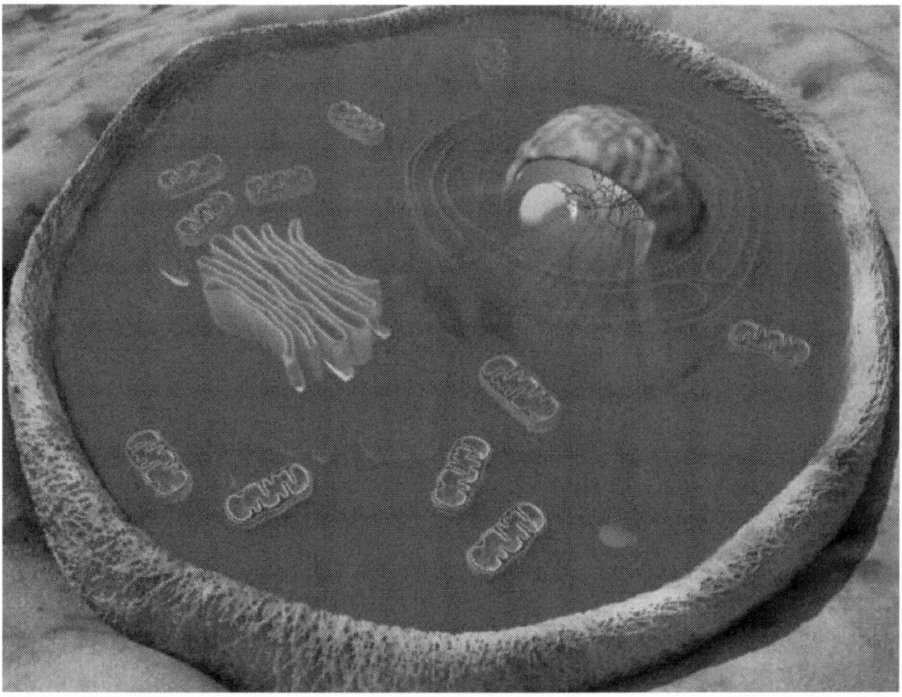

Die sog. "**Regenerative Mitochondrientherapie**" stellt inzwischen eine weitere neue und vielversprechende Forschungsausrichtung innerhalb der Alternsforschung dar. Wie der Name bereits sagt, beschäftigt sich diese mit regenerativen Möglichkeiten unserer Mitochondrien.

WAS IST DIE AUFGABE DER MITOCHONDRIEN?

Der menschliche Körper braucht zum Überleben Energie, die aus der Nahrung gewonnen und über das Blut in die Zellen gelangt. Damit sie dort genutzt oder gespeichert werden kann, muss sie erst verbrannt werden, ähnlich wie Benzin in einem Motor. Genau dies ist die **Aufgabe der Mitochondrien**.

Mitochondrien sind eine Art Unterzelle und finden sich in allen Zellen des menschlichen Organismus. Nur die Mitochondrien haben die Fähigkeit mit Sauerstoff umzugehen. Sie nutzen den Sauerstoff, um die lebensspendende Energie für jede unserer Zellen zu erzeugen. Sie werden daher oft auch als **Kraftwerke des Körpers** bezeichnet und bieten die Grundlage dafür, was Jugendlichkeit charakterisiert, nämlich **Energie**.

Die Energie, die unseren Körperzellen zur Verfügung steht, ist abhängig von dem optimalen Funktionieren der Mitochondrien. Wie man heute weiß, verfügen die Mitochondrien über eine **eigene Erbinformation (DNA)**. Diese Information ist vergleichbar mit einer Software, die die Energiegewinnung in den Körperzellen steuert.

Mit den Lebensjahren nehmen die Mutationen der Mitochondrien-DNA immer mehr zu, sodass die **Arbeit der Mitochondrien zur Energiegewinnung nachlässt** und immer weniger Energie in den Zellen gewonnen wird.[72] Der

[72] Studie 2002: Kopsidas, George, Chunfang Zhang, Natalia Yarovaya, Sergey Kovalenko,

Grund dafür sind die Radikale, die bei den ganz normalen Stoffwechselprozessen entstehen. Von diesen Abnutzungserscheinungen sind besonders die Zellen betroffen, die einen hohen Energieumsatz haben, wie die Muskulatur, das Herz und das Gehirn. Man spricht auch von der einer "**mitochondrialen Dysfunktion**", die als wesentlicher Biomarker der Alterung angesehen wird.

Seit Mitte der 1980er Jahre ist bekannt, dass defekte Mitochondrien über 50 verschiedene Krankheiten hervorrufen können, davon eine ganze Reihe an degenerativen und chronischen Erkrankungen. Wenn die Funktion in den Mitochondrien gestört wird, führt dies zu einer beschleunigten Alterung.

Wie kann man seine Mitochondrien unterstützen?

Die Energiegewinnung in den Mitochondrien zählt zu den sekundären Faktoren des Agings. Um gezielt die Mitochondrien mit neuer Zellenergie zu versorgen, sind erstmal alle Natursubstanzen geeignet, die Du bereits bei den primären Faktoren kennengelernt hast, nämlich

- Kolloidales Gold

Stephen Graves, Martin Richardson, and Anthony W Linnane. Stochastic mitochondrial DNA changes: bioenergy decline in type I skeletal muscle fibres correlates with a decline in the amount of amplifiable full-length mtDNA. Biogerontology, no. 1-2. http://www.ncbi.nlm.nih.gov/pubmed/12014837

- Alpha-Liponsäure
- Alpha-L-Carnitin
- Melatonin
- Resveratrol
- Coenzym Q10
- etc.

Zusätzlich ist ein weiterer **revolutionärer Wirkstoff** mit der Bezeichnung **PQQ** (Pyrrolochinolinchinon, oder auch **Methoxantin** genannt) bekannt geworden, auf den die Wissenschaftler erst im Jahr 2010 aufmerksam wurden. **PQQ kann die Mitochondrien positiv beeinflussen und die Zellen verjüngen.**

WAS IST PQQ?

PQQ ist eine vitaminähnliche Substanz und kann zu den B-Vitaminen gerechnet werden. Es ist ein **starkes Antioxidanz u**nd widersteht einer Oxidation 5000 Mal länger als Vitamin C. Das Besondere an PQQ ist, dass es die **Neubildung von Mitochondrien in alternden Zellen anregt**. PQQ ist nach Expertenmeinung ein neues "**Supervitamin**" , das bereits in geringen Konzentrationen **(10 – 20 mg PQQ pro Tag)** große Wirkungen hat.

"PQQ generiert nicht nur neue Mitochondrien, sondern die Mitochondrien sind auch größer und haben eine höhere

Masse ... PQQ befindet sich direkt am Ort der Entstehung der freien Radikale in den Mitochondrien. Freie Radikale können somit direkt abgefangen werden. ... PQQ verstärkt die Expression von PGC-1α, eines der wichtigsten Faktoren zur Aktivierung von Gene welche die Mitochondrienwachstum anregen. PGC-1α ist in der Lage den Zellstoffwechsel auf Ebene der Gene zu beeinflussen, und hat somit einen positiven Einfluss auf den Blutdruck, den Blutfettspiegel (Triglyceride), den Cholesterinspiegel und hilft Patienten mit Adipositas (Übergewicht)."[73]

Darüber hinaus hat PQQ noch weitere nützliche Eigenschaften, insbesondere auf das Gehirn. In **Verbindung mit Coenzym Q10** verbessert es die kognitiven Leistungen, schützt vor schädigenden Einflüssen durch Quecksilber im Gehirn und hat einen **positiven Einfluss auf das Gedächtnis.**

[73] Methoxatin: http://www.dr-michalzik.de/blog/tag/methoxatin/

6. Sport und Ernährung

“Wer rastet, der rostet.” Dieser Satz verliert natürlich trotz vieler Anti-Aging und Reverse-Aging-Mittel nicht seine Bedeutung. Im Gegenteil, es gibt inzwischen zahlreiche wissenschaftliche Begründungen hierfür.

Dass Sport gesund ist, davon gehen die meisten von uns erstmal aus. Warum sollten wir uns sonst in den Fitnessstudios abrackern? Aber einen echten Beweis, dass Sport tatsächlich eine lebensverlängernde Wirkung hat, den gab es bislang noch nicht.

In einer bahnbrechenden Telomer-Studie im Jahr 2010[74] gelang dem Team um Dr. med. Chr. Werner vom Universitätsklinikum in Homburg, Dr. Tim Meyer und Dr. Anne Hecksteden vom Institut für Sport- und Präventivmedizin sowie Prof. Dr. Arne Morsch von der Deutschen Hochschule für Prävention und Gesundheitsmanagement in Saarbrücken der wissenschaftliche Nachweis, dass **Sport einen messbaren und positiven Einfluss auf die Telomere hat** und damit auf das biologische Alter. In dieser Studie konnte erstmals gezeigt werden, wie effektiv Sport tatsächlich wirkt.

Bei dieser Studie wurden 266 von 1500 Interessenten im Alter zwischen 30 und 60 Jahren ausgewählt, die zuvor so gut wie keinen Sport betrieben hatten. Die Studie verlief über 6 Monate, in der die Probanden in 4 Gruppen eingeteilt wurden. Die Gruppen mussten dann über einen Zeitraum von 6 Monaten drei Mal pro Woche ein 45-Minuten-

---

[74] "Dem körperlichen Verfall einfach davonlaufen" http://www.tvpuettlingen.de/uploads/media/2010_02_11_SZ_koellertal_Stark_gegen_Altersschwaeche.pdf https://www.saarbruecker-zeitung.de/sz-spezial/wohlfuehlen/wer-regelmaessig-sport-treibt-altert-langsamer_aid-1744992
In der SAusE-Studie wurden die Effekte einer sechsmonatigen Intervention mittels Ausdauertraining, intensivem Intervalltraining und Kraft-Ausdauertraining mit der Kontrollgruppe verglichen.
http://www.uniklinikum-saarland.de/einrichtungen/kliniken_institute/medizinische_kliniken/innere_medizin_iii/forschung_lehre/arbeitsgruppen/kardiovaskulaere_alterung_und_myokardfibrose/
Dissertation "Regulation der Telomeraseaktivität und telomer-assoziierter Faktoren durch körperliche Aktivität in Mäusen und im Menschen" https://d-nb.info/1084633914/34

Ausdauertraining bzw. Krafttraining oder ein intensives bzw. moderates Intervalltraining absolvieren.

Unter dem Titel “Dem körperlichen Verfall einfach davonlaufen” publizierte die Saarbrücker Zeitung im Februar 2010 die Ergebnisse. Die Studie hatte gezeigt, dass das **moderate sowie das intensive Intervall-Lauftraining die gleiche Wirkung** auf die Telomere hatte. Unterschiede gab es aber hinsichtlich des Ausdauer- und Krafttrainings. Beim **Ausdauertraining wurden Schutzproteine** gebildet, die die Telomere vor schnellem Verschleiß bewahren, während beim **Krafttraining die Telomerase nicht aktiviert** wurde.

Doch auch wenn Krafttraining nicht den gleichen intensiven Zellschutz bewirkt wie Ausdauertraining, empfehlen die Forscher, bei seinem regelmäßigen Sporttraining auch die Muskeln zu stählen, da dies wichtig sei für die Knochenstabilität und Sturzprophylaxe.

Wichtig sei auch, **regelmäßig** zu trainieren. Das sei effektiver als der “Weekend Warrior”, der sich nur ab und zu mal völlig verausgabt.

Sport hält also tatsächlich jung und ist nach wie vor einer der wichtigsten Prophylaxen für ein gesundes und langes Leben.

Welcher Sport ist der beste?

Ganz einfach, jeder Sport, der mit Freude, regelmäßig und moderat betrieben wird, ist geeignet. Lieber weniger intensiv, aber dafür öfter. Bei der oben genannten Studie wurden Sporteinheiten von 45 Minuten drei Mal pro Woche absolviert mit guten Erfolgen. Dies könnte ein guter Richtwert sein. Auch der Spaß sollte nicht zu kurz kommen, denn gute Laune weckt die Lebensgeister bis ins hohe Alter.

Welche Ernährung ist die beste?

Die Frage nach der richtigen Ernährung ist fast schon eine Glaubensfrage. Wichtig ist, dass Du deine Kalorien auf ein gesundes Maß eingrenzt und dich moderat, schmackhaft und gesund ernährst.

Gut geeignet ist beispielsweise eine Ernährung nach der **Logi-Methode**. "Logi" steht für "Low Glycemic and Insulinemic Diet". Es beschreibt eine Ernährungsform, bei der die Blutzucker- und Insulinwerte niedrig gehalten werden und der Stoffwechsel verbessert wird. Diese Methode zählt zu den **moderaten Low-Carb-Diäten**, die zur dauerhaften Ernährungsumstellung gut geeignet ist.

Es gibt dabei keinen strengen Ernährungsplan. Wichtigstes Ziel ist, die Blutzuckerwirkung der Nahrung langfristig gering zu halten. Dabei sind pflanzliche Lebensmittel, die wenig Zucker und Stärke enthalten, unbegrenzt erlaubt. Logi streicht somit nicht alle Kohlenhydrate, sondern erlaubt 25-30% der täglichen Kalorienzufuhr aus diesen Nahrungsmitteln. Erlaubt sind stärkearmes und -freies Gemüse, Obst und Salate, eiweißreiche Lebensmittel, Fisch und mageres Fleisch sowie gesunde Fette. Klassische Beilagen wie Nudeln, Reis und Kartoffeln sollten dagegen stark eingeschränkt werden. Auf Zucker- und Weißmehlprodukte ist am besten ganz zu verzichten. Wie bei allen Diäten gilt auch hier, viel zu trinken, um den Wasserverlust auszugleichen.

Alternativ ist auch die **Paleo-Diät** als langfristige Ernährungsform gut geeignet.

7. Meditation

Auch wenn es nichts Neues ist: Stress lässt die Menschen schneller altern!

Relativ neu ist aber die hierzu durchgeführte wissenschaftliche Untersuchung zu dieser Aussage. Die Bestätigung kam von Forscherteam um Elissa Epel von der Universität in San Francisco in einer Studie mit 58 Frauen[75]. Man fand heraus, dass in den Immunzellen der Probandinnen, die seit Jahren unter starkem Stress standen, die Enden der Chromosomen, die Telomere, deutlich kürzer waren als bei Frauen mit weniger Stress. Da die Länge dieser DNA-Bereiche bestimmt, wie oft sich eine Zelle teilen kann und damit auch

[75] Studie der Telomereveränderung unter Stress: Team um Elissa Epel von der Universität San Francisc, Fachzeitschrift PNAS (Online-Vorabveröffentlichung, DOI: 10.1073/pnas.0407162101)

ihre Lebenserwartung, könnte diese Entdeckung auch erklären, warum man bei Stress anfälliger ist gegen verschiedene Krankheiten und Infektionen.

Je mehr Stress die Frauen in ihrem Leben hatten und je länger sie dieser Belastung schon ausgesetzt waren, umso kürzer waren ihre Telomere und desto mehr freie Radikale wurden von ihren Zellen gebildet.

Besonders interessant war, dass bei den Probandinnen mit dem höchsten Stressniveau die Telomere so stark verkürzt waren, dass biologisch betrachtet **ihre Zellen fast zehn Jahre (!) älter waren** als die von Probandinnen mit wenig Stress. Mit diesem sensationell hohen Wert hatte niemand gerechnet.

Wer oftmals täglich Stress ausgesetzt ist, empfindet Stress fast schon als normal. Daher ist es wichtig zu realisieren, dass Stress einen ganz erheblichen Einfluss auf unser Lebensalter hat und es wichtig ist, etwas dagegen zu unternehmen.

Was ist das beste Mittel gegen Stress?

Das gesündeste und preiswerteste Mittel gegen Stress ist und bleibt Meditation. Es gibt unglaublich viele Arten von Meditation, auf die ich hier nicht im Einzelnen eingehen möchte. Du kannst im Sitzen, im Gehen oder Stehen meditieren, zuhause, unterwegs, quasi überall. Wichtig ist einzig, dass Du es täglich praktizierst und deinem Körper und deiner Seele etwa 20 Minuten pro Tag für eine Meditation genehmigst, um dich zu entstressen. Deine Zellen werden es dir danken.

Schlussbemerkung

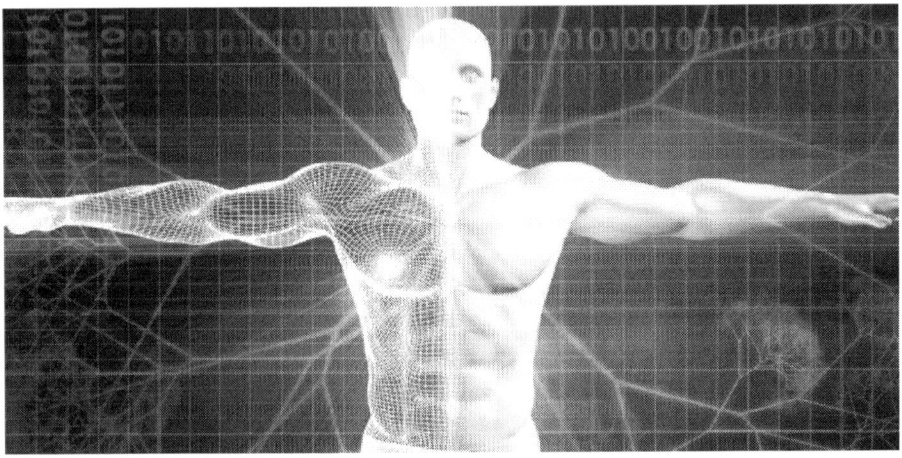

Ziel dieses Buch war es, dir einen Einblick in den aktuellen Stand der wissenschaftlichen Forschung auf dem Gebiet der Gerontologie zu geben. Inzwischen füllen die Studien und Informationen hierzu ganze Bibliotheken, sodass es keinerlei Anspruch auf Vollständigkeit hat.

Während jedes neue iPhone in den Medien groß beworben wird, wird über solche wichtigen und essentiellen Themen, die uns alle betreffen, leider viel zu wenig Aufklärung betrieben.

Dieses Buch sollte dir einige Möglichkeiten zeigen und dich motivieren, so früh wie möglich Einfluss zu nehmen auf Krankheiten, die dich möglicherweise im Alter ereilen könnten, um durch entsprechende Vorsorgemaßnahmen diese bestmöglich zu verhindern und ein Alter in Gesundheit und Freiheit zu genießen.

Viele von uns wissen, welche Krankheiten in der Familie besonders häufig auftreten, sodass es Sinn macht, hierauf ein besonderes Augenmerk zu legen. Wenn beispielsweise die Mutter oder Großmutter an der schlimmen Augenkrankheit Makula-Degeneration litt und allmählich im Alter erblindete, dann ist beispielsweise Ginkgo das Gebot der ersten Stunde, das für die Durchblutung in jeder Zelle des Körpers inklusive der Netzhaut sorgt, die Zellen vor dem Zelltod bewahrt und neue Zellen zum Wachstum anregt.

Wir müssen nicht mehr tatenlos zusehen und warten, bis uns die ein oder andere schlimme Krankheit ereilt. Anstatt in teure Schönheits-OPs oder kosmetische Produkte zu investieren, wird sich die Investition in die eigene langfristige Gesundheit mehrfach auszahlen.

Wie der Bioinformatiker und Gerontologe Aubrey de Grey so schön formulierte, ist "*Älterwerden erst eine Nebenwirkung des Lebendigseins*", also des Stoffwechsels. Und bereits jetzt sind wir in der Lage, das Älterwerden zu verhindern oder zumindest die schlimmsten Folgen gut abzufedern.

Das funktioniert natürlich nur, wenn wir dies auch wollen und uns von der Grundüberzeugung und dem selbstauferlegten Mantra befreien, dass dies nicht möglich sein kann und Älterwerden mit all den körperlichen Gebrechen für unvermeidbar halten.

Es ist möglich und es liegt in deinen Händen, so früh wie möglich Vorsorge zu treffen, um den Alterungsprozess aufzuhalten, ihn sogar umzukehren und deine Lebenserwartung zu erhöhen.

“Who Wants to Live Forever?”, fragte einst die englische Musikband Queen. Mit Sicherheit wollen wir nicht alle ewig auf dieser Erde leben. Aber die Vorstellung, sein Alter mit wachem Geist, gesundem Körper und all seinen Sinnen zu erleben, nimmt dem Älterwerden endlich seinen Schrecken.

In diesem Sinne wünsche ich dir ein langes und erfülltes gesundes Leben!

Deine Anna Mai

Fotomaterial

https://www.bigstockphoto.com Copyright:

- Anti Aging process, Asian woman face skin with anti-aging procedures. Stockfoto-ID: 237031000. Copyright: Chaay_Tee
- Digital nature, medical science vector background with DNA molecules. Stockfoto-ID: 163760279 Copyright: MicroOne
- 3D illustration of a human or animal cell in cross section. Stockfoto-ID: 10043030 Copyright: juggle33
- A telomere is a repeating sequence of double-stranded DNA located at the ends of chromosomes. Stockfoto-ID: 231818737. Copyright: designua
- Telomere is a repeating sequence of double-stranded DNA located at the ends of chromosomes. Stockfoto-ID: 148844405. Copyright: designua
- Close up shot of white refinery sugar. Stockfoto-ID: 169094282. Copyright: Volff
- Epigenetics as a Science Study Field of Genetics. Stockfoto-ID: 121698632. Copyright: kentoh

- meditating teenage girl in a park in summer. Stockfoto-ID: 148088705. Copyright: ArminStaudt
- Sport and fitness runner man running on road training for marathon run doing high intensity interval training sprint workout outdoors in summer. Stockfoto-ID: 93519371. Copyright: Maridav
- Comparison. Portrait of beautiful woman with problem and clean skin, aging and youth concept, beauty treatment and lifting. Stockfoto-ID: 227298472. Copyright: master1305

Impressum

Anna Mai (Autor und Herausgeber)

c/o Papyrus Autoren-Club

Pettenkoferstr. 16-18

10247 Berlin

annamai@ereadmedia.com

36931578R00078

Printed in Poland
by Amazon Fulfillment
Poland Sp. z o.o., Wrocław